Web
前端技术
项目化教程

主　编　梁修荣

副主编　何瑞英　龙　莎　王　瑞

复旦大学出版社

内容提要

本书以一个完整的学校官方网站前端开发项目为主线，全面介绍了Web前端开发HTML 5技术和CSS 3技术。

全书共7个项目，按照Web前端开发流程主要包括搭建网页结构、实现网页布局、美化网页、实现网页轮播图效果、实现网页表单设计与制作、实现网页视频展示等。通过项目制作，系统讲解文本、超链接、表格、表单、盒子模型、样式属性等相关知识。每一项目后都有训练项目，帮助读者及时巩固所学知识和技能，同时项目配备了合适的拓展项目，帮助读者进一步提升网页设计与制作能力。

本书可作为高职高专院校或中等职业院校计算机相关专业Web前端开发课程的教材，也可作为Web前端技术爱好者的学习参考书。

前 言 //

伴随我国经济结构的调整和科技兴国战略的进一步实施,科学、工业、国防和教育行业需要大批高素质的计算机专门人才。

我国高等教育事业取得了举世瞩目的成就,但也面临不少深层次的矛盾和困难,主要体现在:高等教育规模居世界之首,但"大而不强"的问题比较突出;以质量求生存、求发展的意识有所强化,但对提高质量投入的资源与精力依旧不足,教学的中心地位仍欠重视;教育体制机制改革虽在持续推进,但仍不能适应经济发展新常态、释放创新活力的需求;教育国际化水平不断提高,但我国高等教育的国际话语权和竞争力依旧不强。

随着我国高等教育水平不断提高,与发达国家高等教育的差距日益缩小,由此,自身创新的任务愈发凸显和繁重。要以新发展理念引领高等教育新发展、以创新的思维发展教育事业,着力深化教育理念、培养模式、教学内容方法手段的改革,着力培养具有社会责任感、创新精神和实践能力的人才。作为一名普通的高校教师,除了提升自身能力和素质,就是对教材的更新和创新,因为要培养一流的计算机人才必须有一流的名师指导和精品的教材辅助。

本书既注重基础知识的讲解,同时更注重知识灵活运用和创新思维的培养。本书的特色有以下四点。

(1)一线教师编写。一线教师加盟参与编写教程内容和设计教学案例;所有案例都通过上机调试,能够正确运行;依托案例来讲解和分析基础知识,注重工程技术能力的培养。

(2)案例采用进阶设计。每个案例分成 3~8 阶段来分解和设计,一部分案例采用逐步完善并进一步优化的方法,最终形成一个完整的程序;另一部分案例采用划分为多个类并逐个类分析和讲解的方法。总之,从简到繁、从易到难,学生在学习编程的过程中有缓冲的空间,不会感到太大的压力。

(3)针对性强。案例的选题贴近学生平时的兴趣点,注重学生"创新和创业"能力的培养。

(4)教辅材料齐全。本书有配套的教案、课件和案例等。

限于编者的水平，书中难免出现疏漏，恳请广大师生和读者提出宝贵意见和建议，以便再版修订时改正。

编　者

2023 年 8 月

目 录 //

Web 前端开发技术初探 /////////////////////////////////

能力目标	(1) 会安装和使用网页开发工具； (2) 会创建网站目录； (3) 会编写最简单的网页
知识目标	(1) 了解 Web 前端技术的基本概念和术语； (2) 了解 Web 前端开发的发展和技术标准； (3) 知道主流的 Web 浏览器工具； (4) 掌握网页开发工具的使用； (5) 掌握创建网站的方法
思政与育人目标	(1) 通过 Web 前端技术的发展和相关术语的介绍，激发学生的爱国热情，教育学生增强技能，为祖国的腾飞、为中国梦的实现而努力； (2) 通过 Web 开发工具介绍，让学生明白"工欲善其事，必先利其器"的做事方式； (3) 通过创建网站目录结构，培养学生的大局意识和框架意识

项目 描述

ABC 公司承接了一个新项目，开发一个职业学院的校园网站。小李刚进公司，对于 Web 前端开发没有经验，在前端工程师老王的指导下，小李打算从网页制作基础开始，逐步学会 Web 前端开发技能。

本任务的具体要求如下：

(1) Web 前端开发工具的安装和使用；

(2) 创建网站的目录结构；

(3) 制作一个网页并预览。

1.1 Web 前端开发概述

Web(World Wide Web)即全球广域网,也称为万维网。它是一种基于 HTML 和 HTTP 的、全球性的、动态交互的、跨平台的分布式图形信息系统,是建立在 Internet 上的一种网络服务,为预览者在 Internet 上查找和预览信息提供了图形化的、易于访问的直观界面。

Web 开发是为万维网或专用网络开发 Web 站点所涉及的相关工作。目前,Web 开发主要分为 Web 前端开发和 Web 后端开发。Web 前端是指在 Web 应用中用户可以看得见、碰得着的东西,包括 Web 页面结构、Web 外观视觉表现以及 Web 层面交互实现。Web 后端更多的是与数据库进行交互以处理相应的业务逻辑,需要考虑如何实现功能、数据的存取、平台的稳定性与性能等。本书主要探讨 Web 前端开发技术。

1.1.1 相关名词解释

1. Internet

Internet 即互联网,是由一些使用公用语言互相通信的计算机连接而成的网络。简单来说,互联网就是将世界范围内不同国家、不同地区的众多计算机连接起来形成的网络平台。

2. WWW

WWW 是 World Wide Web 的缩写,也可写为 W3、Web,中文名为万维网。WWW 是 Internet 最核心的部分。它是 Internet 上那些支持 WWW 服务和 HTTP 协议的服务器集合。WWW 在使用上分为 Web 客户端和 Web 服务器。用户可以使用 Web 客户端(多用网络浏览器)访问 Web 服务器上的页面,如网上聊天、网上购物等。

3. 网站

网站(Website)是指在 Internet 上根据一定的规则,使用 HTML 等工具制作的用于展示特定内容相关网页的集合。人们可以通过网站发布自己想要公开的资讯,或者利用网站提供相关的网络服务。

4. 网页

网页(Web Page)是网站中的一个页面,是 Internet 展示信息的一种形式。其主要由文本、图像、超链接、表格、表单、动画、声音和视频等构成。它分为静态网页和动态网页。

静态网页是指网页中没有程序代码,只有 HTML,其文件扩展名通常为 html 或 htm。静态网页一旦制作完成,内容就不再变化。如果要修改网页的内容,就必须修改其源代码,然后将源代码重新上传到服务器。不能将静态网页简单地理解成静止不动的网页,它也包括一些能动的部分,比如 GIF 动画、滚动字幕等。与动态网页相比,其开发成本较低。

动态网页是与静态网页相对的一种网页编程技术。动态网页在静态网页的基础上插入了向数据库请求的代码,使数据库中的最新数据可以及时更新并显示在页面上。动态网页的网页文件中除了 HTML 标记以外,还包括使用动态网站技术(如 PHP,ASP,JSP 等)实现特定功能的程序代码,其文件扩展名为 php,asp,aspx,jsp 等。值得一提的是,动态网页与网页上的各种动画、滚动字幕等视觉上的动态效果没有直接关系,动态网页可以是纯文字内容,也可以包含各种动画的内容,这些只是网页具体内容的表现形式,无论网页是否具有动态效果,只要采用了动态网站技术生成的网页都可以称为动态网页。

5. 主页

主页也称首页,是用户使用浏览器打开某个网站后首先看到的页面,它承载着网站中所有指向二级页面或其他网站的链接信息。首页的文件名通常为 index,default,main 或 portal 加上扩展名。

1.1.2 Web 前端技术的发展

1. Web 1.0 时代:静态内容呈现

1994 年,美国的 Netscape 公司推出第一款浏览器 NCSAMosaic(后改名为 Navigator)。安装了该浏览器的用户,可以浏览来自其他网站的信息(主要是文字和图片)。用户在浏览网站时,几乎不会与网页产生交互行为,网站展示更偏向于静态内容,网站开发成本较低,"前端"工作由后端开发人员完成,这个时代称为 Web 1.0 时代。

2. Web 2.0 时代:交互时代

2004 年,"Web 2.0 时代"在 O'Reilly Media 公司和 MediaLive 国际公司的一次头脑风暴会议中被首次提出。

Web 2.0 时代更强调网页的交互性,它不再将用户局限在对网页的浏览上,而是根据用户的操作来展现不同的网页内容。用户可以在不刷新页面的情况下,通过简单的点击、按键输入等获取不同的内容。

在 Web 2.0 时代,网页开发者把更多注意力放在了用户交互上,并大大增强了内容呈现的能力,致力于带给用户更好的浏览体验。网页开发技术无论在难度上,还是在开发方式上,都更接近传统的网站后端开发,所以现在不再称其为网页制作,而是叫 Web 前端开发。

1.1.3 Web 标准

Web 标准也称网页标准,它是由 W3C(World Wide Web Consortium)和其他标准化组织共同制定的一套规范集合,目的在于创建统一的用于 Web 表现层的技术标准,以便通过不同的浏览器或终端设备向最终用户展示信息内容。目前的 Web 标准主要由三大部分组成:结构(Structure)、表现(Presentation)、行为(Behavior),真正符合 Web 标准的网页设计是指能够灵活使用 Web 标准对 Web 内容进行结构、表现与行为的分离。

1. 结构

结构在网页中主要是对页面信息进行组织和分类。在结构中用到的主要技术包括 HTML,XML,XHTML。

(1) HTML

HTML 是 Hyper Text Markup Language 的缩写,中文译为"超文本标记语言",设计 HTML 的目的是创建结构化的文档以及提供文档的语义。目前最新版本的超文本标记语言是 HTML 5。

（2）XML

XML 是 Extensible Markup Language 的缩写，中文译为"可扩展标记语言"，是一种能定义其他语言的语言。XML 的最初设计目标是以强大的扩展性满足网络信息发布的需求，来弥补 HTML 的不足。现在 XML 主要作为一种数据格式，用于网络数据交换和书写配置文件。

（3）XHTML

XHTML 是 Extensible Hyper Text Markup Language 的缩写，中文译为"可扩展超文本标记语言"。发布 XHTML 的最初目的就是实现 HTML 向 XML 的过渡。在一般语境中，人们习惯使用 HTML 代替 XHTML，目前其已被 HTML 5 取代。

2. 表现

表现用于对信息进行版式、颜色、大小等形式的控制。在表现中用到的技术主要是 CSS。

CSS 是 Cascading Style Sheet 的缩写，中文译为"层叠样式表"。CSS 能够对网页中元素位置的排版进行像素级精确控制，拥有对网页对象和模型样式编辑的能力。

3. 行为

行为用于对网页信息的结构和显示进行逻辑控制，实现网页的智能交互。在行为中用到的主要技术包括 DOM 和 ECMAScript 等。

（1）DOM

DOM 是 Document Object Model 的缩写，中文译为"文档对象模型"。它是一种让浏览器与网页内容沟通的语言，允许程序和脚本动态地访问和更新文档的内容、结构和样式。

（2）ECMAScript

ECMAScript 是由 ECMA（European Computer Manufactures Association）组织以 JavaScript 为基础制定的标准脚本语言。JavaScript 是一种客户端脚本程序设计语言，常用来给 HTML 网页添加各种动态功能。

在符合标准的网页设计中，HTML、CSS 和 JavaScript 是 Web 前端开发最核心最基础的技术。其中，HTML 负责构建网页的基本结构；CSS 负责设计网页的表现效果；JavaScript 负责开发网页的交互效果。

1.2 Web 浏览器

Web 浏览器简称浏览器，是一种把互联网上的文本文档和其他文件翻译成网页的软件，通过浏览器用户可以快捷地阅读 Internet 上的内容。常用的浏览器有 IE 浏览器、火狐浏览器、谷歌浏览器、Safari 浏览器和欧朋浏览器等，其中 IE、火狐和谷歌是目前互联网上主流的三大浏览器（图 1-1）。对于一般的网站而言，只要兼容 IE 浏览器、火狐浏览器和谷歌浏览器，即可满足绝大多数用户的需求。

IE 浏览器 　　　　火狐浏览器 　　　　谷歌浏览器

图 1 - 1　常用浏览器

1.2.1　IE 浏览器

IE 的全称为"Internet Explorer",俗称"IE 浏览器",是微软公司推出的一款网页浏览器。IE 浏览器一般直接绑定在 Windows 操作系统中,无须下载安装。浏览器最核心的部分是"渲染引擎",一般称之为"浏览器内核"。IE 浏览器内核为 Trident,是微软公司开发的一种排版引擎,也称为"IE 内核"。国内的大多数浏览器都使用 IE 内核,例如百度浏览器、世界之窗浏览器、腾讯 TT 等。

1.2.2　火狐浏览器

火狐浏览器的英文名称为"Mozilla Firefox",缩写为"Fx"或"fx",是一个开放源代码的网页浏览器。火狐浏览器的内核为 Gecko,该内核可以在多种操作系统如 Windows,Mac 以及 Linux 上运行。Firebug 是火狐浏览器中一款必不可少的开发插件,主要用来调试浏览器的兼容性。它集 HTML 查看和编辑、JavaScript 控制台、网络状况监视器于一体,是开发 HTML,CSS,JavaScript 的得力助手。

1.2.3　谷歌浏览器

谷歌浏览器的英文名称为"Chrome",是由谷歌公司开发的网页浏览器。谷歌浏览器基于其他开源软件开发,目的是提升浏览器的稳定性、速度和安全性,并创造出简单有效的使用界面。早期谷歌浏览器使用 Webkit 内核,但在 2013 年 4 月之后,新版本的谷歌浏览器开始使用 Blink 内核。

在制作网页时,应考虑网页的浏览器兼容性问题。浏览器兼容性是指网页在各种浏览器上显示的效果尽量保持一致的状态。目前,主流的浏览器都支持 HTML 5(IE 浏览器需为 IE 9 及以上版本)。在国内市场上,谷歌浏览器依靠其卓越的性能占据着浏览器市场的半壁江山,因此本书涉及的案例将全部在谷歌浏览器中运行演示。

Web 前端开发工具

为方便前端开发,开发者通常会选择一些较便捷的辅助工具,如 EditPlus,Notepad++,Sublime,Dreamweaver,HBuilder 等。其中,HBuilder 是 DCloud(数字天堂)推出的一款支持 HTML5 的 Web 开发工具,现在的版本是 HBuilder X。它的最大优势是快,通过完整的语法提示、代码输入法、代码块等大幅提升了 HTML、CSS 和 JavaScript 的开发效率。本节将详细介绍 HBuilder X 工具的使用。

1.3.1 HBuilder X 的下载和安装

HBuilder X 的最新版本可以在 HBuilder X 官网(http://www.dcloud.io/)免费下载。HBuilder X 目前有两个版本:Windows 版和 MacOS 版(图 1-2),下载时可根据自己的电脑选择合适的版本。

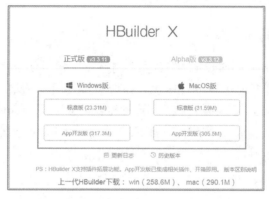

图 1-2 HBuilder X 版本

下载后,将压缩包复制到适当位置,解压压缩包,找到 HBuilder X 可执行程序(exe 文件),双击即可启动程序。

注意:不要在压缩包中打开 HBuilder X.exe 文件;最好在桌面上创建快捷方式,这样每次打开时,就不用到文件夹中去寻找了。

1.3.2 HBuilder X 的使用

HBuilder X 首次启动后,会看到一个选择窗口(图 1-3),可以在此选择喜欢的主题和快捷键。

图 1-3 选择窗口

可以关闭选择窗口或点击下方【开始体验】按钮,点击【开始体验】按钮后,会看到"HBuilder X 自述文件",该文件简单介绍了 HBuilder X 的特性。

以后每次启动 HBuilder X 时,它的打开状态与上次关闭时的状态相同。

1. 界面

像许多其他代码编辑器一样,HBuilder X 采用通用的用户界面和左侧的资源管理器布局,右侧的编辑器显示已打开文件的内容。用户界面主要包含菜单栏、工具栏、编辑器、项目管理器、状态栏、控制台等(图 1-4)。

图 1-4 HBuilder X 界面

编辑器是编辑文件的主要区域。

项目管理器包含资源管理器之类的不同视图,可在处理项目时提供帮助。

控制台可以在编辑器区域下方显示不同的面板,以获取输出或调试信息、错误和警告或集成终端。

预览可以查看网页效果,当文件编辑完成并保存后,可以点击右侧的"预览"按钮查看效果。如果是第一次使用,将提示安装内置浏览器插件,安装即可。

迷你地图显示在编辑器的右侧,提供了源代码的高级概述,这对于快速导航和理解代码很有用,可通过单击或拖动阴影区域以快速跳至文件的不同部分。

2. 基本操作

在使用 HBuilder X 建设网站之前,应首先熟悉文档的基本操作,文档的基本操作主要包括新建文档、保存文档、打开文档、关闭文档。

(1) 新建文档

选择【文件】下面的【新建】选项,单击【新建】子菜单中的【html 文件】即可创建一个新的页面(图 1-5)。当然可以根据需要选择其他文件类型,完成文档的创建。一般情况下,在创建网站时建议选择项目完成创建。

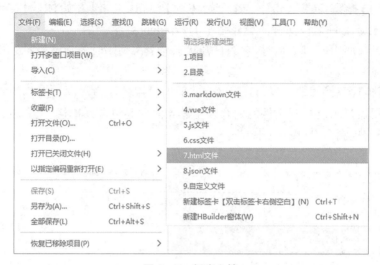

图 1-5 新建文档

（2）保存文档

编辑或修改的网页文档，在预览之前需要先将其保存起来。保存文档的方法十分简单，选择【文件】中【保存】选项（或按"Ctrl＋S"组合键，或点击工具栏中的"保存"按钮）。注意如果未保存而运行或预览网页，将看不到编辑或修改后的效果。

（3）打开文档

如果想要打开计算机中已经存在的文件（或目录），可以选择【文件】中的【打开文件】（或【打开目录】）选项，选中需要打开的文档（或目录）打开即可。除此之外，用户还可以将选中的文档直接拖曳到 HBuilder X 主界面除文档窗口外的其他区域，快速打开文档。

（4）关闭文档

对于已经编辑保存的文档，可以使用 HBuilder X 工具的关闭文档功能，将其关闭。通常可以使用以下两种方法关闭文档。

• 单击需要关闭的文档窗口标题旁边的按钮"×"（图 1-6），可关闭该文档；
• 按"Ctrl＋W"组合键可关闭当前文档。

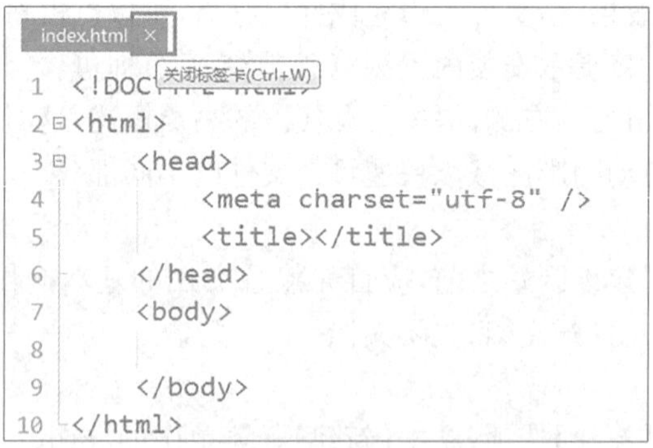

```
   index.html  ×
                关闭标签卡(Ctrl+W)
1   <!DOC          
2   <html>
3     <head>
4       <meta charset="utf-8" />
5       <title></title>
6     </head>
7     <body>
8
9     </body>
10  </html>
```

图 1-6 关闭文档

项目 实现

小李在了解了 Web 前端开发的基础知识后,决定亲自动手创建职业学院校园网站项目。具体步骤实现如下:

① 启动开发工具 HBuilder X,选择【文件】中的【新建】,选择里面的【项目】。在弹出的新窗口中输出项目名称"职业学院校园官网",项目存放路径选择 D 盘目录下,并在选择模板中勾选【基本 HTML 项目】,如图 1-7 所示。

图 1-7 创建项目

② 点击【创建】,将在项目管理器栏生成如图 1-8 所示的项目结构。

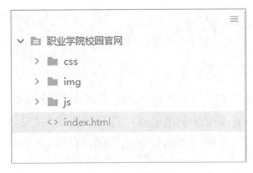

图 1-8 项目结构

此项目包括 3 个文件夹：css，img 和 js。css 文件夹存放修改网站样式的 css 文件；img 文件夹存放网站所需要的图片素材；js 文件夹将存放实现交互效果的 js 文件。在文件夹的最下方为一个 HTML 文档，默认名称是 index，这是搭建校园官网的主页面。

③ 双击 index. html，编辑器将进入代码视图，此时会出现默认的代码内容，如图 1 - 9 所示。

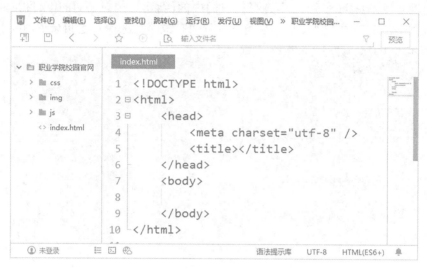

图 1 - 9　代码编辑窗口

④ 在代码第 5 行<title>与</title>标签之间，输入 HTML 文档的标题，这里将其设置为"校园官网"；在代码第 8 行<body>与</body>标签之间添加网页的主体内容，这里输入"我的第一个页面"作为测试内容，代码如下：

```
<!DOCTYPE html>
<html>
    <head>
        <meta charset = "utf-8"/>
        <title>校园官网</title>
    </head>
    <body>
        我的第一个页面
    </body>
</html>
```

⑤ 按快捷键"Ctrl＋S"保存所写内容，在菜单栏中【运行】选择【运行到浏览器】，选择【Chrome】(图 1 - 10)。将在 Chrome 浏览器中打开新页面，效果如图 1 - 11 所示。

这样就完成了基本的项目创建和运行，在后面的项目学习中将会搭建网站首页结构。

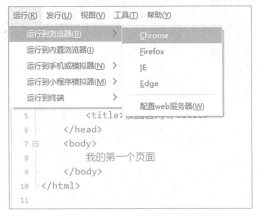

图 1-10　运行代码

图 1-11　运行效果图

 项目 小结

　　本项目通过对 Web 前端技术的初步学习,了解 Web 前端技术的基本情况,认识常用的浏览器,掌握具体的开发工具的使用等,为后面项目的学习打下基础。

项目 训练

　　正确安装 HBuilder X 开发工具,利用此工具制作一个页面介绍自己的校园。

搭建学院官网首页结构 ///////////////////////////////

能力目标	(1) 能够编写基本的 HTML 文档； (2) 能够根据页面效果,搭建网页结构
知识目标	(1) 了解 HTML 5 的发展历史与优势； (2) 掌握 HTML 5 的编写方法； (3) 掌握 HTML 5 的常用元素和属性
思政与育人 目标	(1) 通过 HTML 5 的文档结构和语法结构介绍,引导学生具有规则意识； (2) 通过多个网页结构的搭建,培养学生举一反三的能力

项目 描述

现在网站框架已经搭建好了,一个网站由许多页面链接而成,其中最重要的页面是首页。因此,小李打算跟随老王首先将首页结构搭建起来,这就要用到 HTML 5 的相关知识。

本任务的具体要求如下:

(1) 使用 HTML 5 标签搭建首页文档结构；

(2) 在页面中添加相应的内容,如文字、图片、超链接、表格、列表等。

知识 准备

2.1 HTML 5 基础

2.1.1 HTML 5 概述

HTML 是用于描述网页文档的标记语言,作为网络语言标准规范,在计算机的发展史上有着不可或缺的地位。目前 HTML 5 是 HTML 的最新版本。

1. HTML 的发展历史

HTML 的形成始于 1993 年 IETF 团队的一个草案,它并不是成型的标准,习惯上被称为 HTML 1.0。两年之后,在 1995 年 HTML 有了第二版,即 HTML 2.0,当时是作为 RFC1866(Request For Comments,请求评议)发布的。

有了以上两个历史版本,HTML 的发展突飞猛进。1996 年,HTML 3.2 成为 W3C 推荐标准。之后在 1997 年和 1999 年,作为升级版本的 HTML 4.0 和 HTML 4.01 也相继成为 W3C 的推荐标准。HTML 5 是 2014 年 10 月 29 日发布的 W3C 推荐标准。

2. HTML 5 的发展过程

各个浏览器之间的标准不统一,给网站开发人员带来了很大的麻烦。HTML 5 出现的目的即是解决这一问题,并为 Web 提供成熟的应用平台。2006 年,W3C 组建了新的 HTML 工作组,并发布了 HTML 5 工作草案。由于 HTML 5 能解决实际问题,因此在规范还未定稿的情况下,各大浏览器厂家已经开始对旗下产品进行升级以支持 HTML 5 的新功能。这样,得益于浏览器的实验性反馈,HTML 规范也得到了持续完善,并以这种方式迅速融入对 Web 平台的实质性改进中。

2014 年 10 月,W3C 历经 8 年努力,HTML 5 标准规范终于定稿并公开发布。最终 HTML 5 取代 HTML 4.01,XHTML 1.0 标准,实现了桌面系统和移动平台的完美衔接。

3. HTML 5 的优势

HTML 5 是对 HTML 及 XHTML 的继承与发展。HTML 5 是一个向下兼容的版本,本质上并不是什么新的技术,只是在原有版本的基础上增加了很多非常实用的新功能和新特性。

(1)兼容性

在 HTML 5 之前,几大主流浏览器厂商为了争夺市场占有率,在各自的浏览器中增加各种各样的功能,没有统一的标准,使得用户在使用不同的浏览器时,常常会看到不同的页面效果。HTMIL 5 纳入了所有合理的扩展功能,具备良好的跨平台性能。针对不支持新标签的老式 IE 浏览器,只需要简单添加 JavaScript 代码就可以使用新的元素标签。

(2)新特性

HTML 5 新增的特性如下:

- 新增加了内容元素,如 header,nav,section,article,footer。
- 新增加了表单控件,如 calendar,date,time,email,url,search。
- 新增加了用于绘画的 canvas 元素。
- 新增加了用于媒体播放的 video 和 audio 元素。
- 更好地支持了本地离线存储。
- 支持地理位置、拖曳、摄像头等 API(Application Programming Interface,应用程序编程接口)。

(3)安全性

众所周知 Web 应用存在安全性问题,为保证安全性,HTML 5 规范中引入了一种新的基于来源的安全模型,该模型简单易用,同时对不同的 API 都可通用。使用这个安全模型,不需要借助任何不安全的 hack 就能跨域进行安全对话。

(4)内容和表现分离

在清晰分离内容与表现方面,HTML 5 迈出了很大一步。为了避免可访问性差、代码复杂度高、文件过大等问题,HTML 5 规范中在网页内容和表现的分离上做了更细致、清晰的规定。

(5) 简化的优势

为了避免不必要的复杂性,HTML 5 简化了 DOCTYPE,简化了字符声明,提供了简单而强大的 HTML 5 API,使用浏览原生能力替代复杂的 JavaScript 代码。

2.1.2 HTML 5 文档结构

使用 HBuilder X 新建 HTML 5 文档时,文档会默认自带一些代码,如下所示:

```
<!DOCTYPE html>
<html>
    <head>
            <meta charset = "utf-8" />
            <title></title>
    </head>
    <body>


    </body>
</html>
```

这是 HTML 5 文档的基本结构,主要由头部(head) 和主体(body)两部分组成,外面加上标签<html></html>,说明此文件是 HTML 文档。

1. <! DOCTYPE>

<! DOCTYPE>位于文档的最前面,用于向浏览器说明当前文档使用哪种 HTML 标准规范。因此,只有在开头处使用<! DOCTYPE>声明,浏览器才能将该文档作为有效的 HTML 文档,并按指定的文档类型进行解析。

2. <html>

<html>位于<! DOCTYPE>之后,也被称为根标签。根标签主要用于告知浏览器其自身是一个 HTML 文档,其中<html>标志着 HTML 文档的开始,</html>则标志着 HTML 文档的结束,在它们之间是文档的头部和主体内容。

3. <head>

<head>用于定义 HTML 文档的头部信息,也被称为头部标签,紧跟在<html>之后。头部标签主要用来封装其他位于文档头部的标签,例如<title>,<meta>, <link>,<style>,用来描述文档的标题、作者以及与其他文档的关系等。

4. <body>

<body>用于定义 HTML 文档所要显示的内容,也被称为主体标签。浏览器中显示的所有文本、图像、音频和视频等信息都必须位于<body>内,才能最终展示给用户。

需要注意的是,一个 HTML 文档只能含有一对<body>,且<body>必须在<html>内,位于<head>之后,与<head>是并列关系。

2.1.3　标签、属性和注释

在 HTML 的基本结构中,可以看到用"<"和">"括起来的单词,这个通常叫作 HTML 元素或 HTML 标签。

1. 标签的分类

按照标签的构成特点,可以将标签分为双标签和单标签。

(1) 双标签

双标签由开始标签"<>"和结束标签"< / >"两部分构成。语法格式如下:

```
<标签名>内容</标签名>
```

其中,<标签名>表示标签作用开始,一般称作"开始标签";</标签名>表示标签作用结束,一般称作"结束标签"。两者的区别就是在"结束标签"的前面加了"/"关闭符号。双标签在使用时要成对出现。

例如:

```
<p>学校介绍内容</p>
```

其中,<p>表示段落标签的开始,</p>表示段落标签的结束,它们之间的"学校介绍内容"为段落内容信息。在前面文档结构中的<html>和</html>、<body>和</body>等也都属于双标签。

(2) 单标签

单标签是指那些单独使用就可以完整地表达意思的标签。语法格式如下:

```
<标签名/>
```

单标签只由一个标签组成,像
和<hr/>都属于单标签,
用于实现换行,<hr/>用于实现水平分割线。

HTML 标签对大小写不敏感:<P>等同于 <p>,推荐使用小写标签。

2. 标签的属性

使用 HTML 制作网页时,如果想让 HTML 标签提供更多的信息,可以使用 HTML 标签的属性来实现。语法格式如下:

```
<标签名 属性1="属性值1" 属性2="属性值2" .. >内容</标签名>
```

标签的属性必须写在开始标签中,位于标签名后面。一个标签可以拥有多个属性,属性之间不分先后顺序,标签名与属性、属性与属性之间均以空格分开。任何标签的属性都有默认值,省略该属性则取默认值。

例如,设置段落的文本内容居中显示。代码如下:

```
<p align="center">学校介绍内容</p>
```

其中,align 属性表示段落的对齐方式,属性值 center 表示居中对齐。

值得注意的是,HTML 5 中不赞成使用属性来表示标签的样式,一般建议使用 CSS 来设置样式,这在后面会详细介绍。

3. 注释标签

如果需要在 HTML 文档中添加一些便于阅读和理解但又不需要显示在页面中的注释文字,就需要使用注释标签。注释标签是一种单标签。语法格式如下:

```
<!— 注释语句 —>
```

注释语句内容不会显示在浏览器窗口中,但是作为 HTML 文档内容的一部分,注释标签可以被下载到用户的计算机上,用户查看源代码时也可以看到注释标签。

2.1.4　头部标签

头部标签是指位于<head>标签内部的标签,包括<title>,<style>,<meta>,<link>,<script>,<noscript>和 <base>。这里主要介绍<title>标签和<meta>标签。

1. <title>标签

<title>标签用于定义网页在浏览器工具栏的标题。当网页添加到收藏夹时,标签内容将显示在收藏夹中。语法格式如下:

```
<title>网页标题</title>
```

例如:设置学校官网首页标题为"学院首页",代码如下:

```
<!DOCTYPE html>
<html>
    <head>
            <meta charset = "utf-8"/>
            <title>学院首页</title>
    </head>
    <body>
            <p align = "center">学校介绍内容</p>
    </body>
</html>
```

上述代码对应的页面标题效果如图 2-1 所示。

图 2-1　<title>标签效果图

2. <meta>标签

<meta>标签用来描述一个 HTML 网页文档的属性,例如作者、日期和时间、网页描述、关键词、页面刷新等。<meta>是一个单标签,它本身不包含任何内容,而是通过使用其属性定义页面的相关参数。下面具体介绍<meta>标签常用的几组设置。

(1) 设置网页显示字符集

在<meta>标签中使用 charset 属性设置页面的字符集。语法格式如下:

```
<meta charset = "utf-8" />
```

这段代码的意思是告知浏览器此页面使用的字符集为 UTF-8。UTF-8 是目前最常用的国际化字符集编码方式,常用的字符集编码方式还有 GB2312 和 GBK,这两种都是中文编码方式。需要注意的是,当用户使用的字符集编码与当前浏览器不匹配时,网页内容就会出现乱码。

(2) 设置网页关键字、网页描述、网页作者等

在<meta>标签中使用 name 和 content 属性为搜索引擎提供信息。语法格式如下:

```
<meta name = "名称" content = "值" />
```

其中,name 属性提供搜索内容名称;content 属性提供对应的搜索内容值。使用这种方式可以设置网页关键字、网页描述、网页名称等。

① 设置网页关键字。

```
<meta name = "keywords" content = "城职,重庆,高职,学校,学院,娱乐,女性,亚运,论坛,
短信,数码,汽车,手机,财经,科技,相册"/>
```

其中,name 属性的值为 keywords,用于定义搜索内容名称为网页关键字;content 属性的值用于定义关键字的具体内容。

② 设置网页描述。

```
<meta name = "description" content = "网易是中国领先的互联网技术公司,为用户提供
免费邮箱、游戏、搜索引擎服务,开设新闻、娱乐、体育等 30 多个内容频道,以及博客、视频、论
坛等互动交流,网聚人的力量。"/>
```

其中,name 属性的值为 description,用于定义搜索内容名称为网页描述;content 属性的值用于定义描述的具体内容。

③ 设置网页作者。

```
<meta name = "author" content = "ABC"/>
```

其中,name 属性的值为 author,用于定义搜索内容名称为网页的作者;content 属性的值用于定义具体的作者信息。

(3) 设置网页自动跳转

在<meta>标签中使用 http-equiv 和 content 属性设置服务器发送给浏览器的 http 头部

信息,为浏览器显示该页面提供相关参数。语法格式如下:

```
<meta http-equiv = "名称" content = "值"/>
```

其中,http-equiv 属性提供参数类型;content 属性提供对应的参数值。使用这种方式可以设置网页字符集、网页自动跳转等。

上述<meta charset = "utf-8" />即是<meta http-equiv = "Content-Type" content = "text/html; charset=utf-8"/>的简化形式。

设置网页自动跳转的代码如下:

```
<meta http-equiv = "refresh" content = "2; url = http://www.cqcvc.edu.cn"/>
```

其中,http-equiv 属性的值为 refresh;content 属性的值为数值和 url 地址。中间用英文状态下的";"隔开,数值表示指定时间(单位为秒),url 表示跳转到的网址。这句代码用于指定当前页面在 2 秒后跳转至目标页面 http://www.cqcvc.edu.cn。

2.2 文本相关标签

文字是网页中最基本的元素,为了使文字排版整齐、结构清晰,HTML 提供了一系列文本控制标签,如标题标签、段落标签、换行标签、水平线标签等。

2.2.1 标题标签

为了使网页更具语义化(语义化是指赋予网页文本特殊的意义),页面中会经常用到标题标签。根据重要程度不同,HTML 提供了 6 个等级标题标签,即<hl>,<h2>,<h3>,<h4>,<h5>和<h6>,从<h1>到<h6>标题的重要性依次递减。基本语法格式如下:

```
<hn 属性名 1 = "对齐方式">标题内容</hn>
```

其中,"hn"中 n 的取值为 1 到 6,代表 1~6 级标题。align 属性为可选属性,用于指出标题的对齐方式,其值通常取为 left(文本左对齐)、center(文本居中对齐)、right(文本右对齐)。标题标签的具体用法如下:

```
<body>
    <h1>这是 h1 标题标签</h1>
    <h2>这是 h2 标题标签</h2>
    <h3>这是 h3 标题标签</h3>
    <h4>这是 h4 标题标签</h4>
    <h5>这是 h5 标题标签</h5>
    <h6>这是 h6 标题标签</h6>
</body>
```

页面效果如图2-2所示。

图2-2 标题标签效果图

使用标题标签来呈现文档结构很重要,搜索引擎可利用标题编制网页的结构和内容的索引,用户可以通过标题来快速浏览网页。

注意: 一个页面中只能使用一个<h1>标签。标题标签拥有特殊的语义,切勿为了生成粗体或大号的文本而使用标题标签。

2.2.2 段落标签

和写文章类似,网页中也可以有若干段落。在网页中段落通过<p>标签定义。语法格式如下:

```
<p align = "对齐方式">段落内容</p>
```

其中,align属性为段落标签<p>的可选属性,用于设置段落文本的对齐方式,常设值和标题标签<hn>一致。

案例2-1:标题和段落标签的使用。

代码如下:

```
<body>
    <h2 align = "center">静夜思</h2>
    <p align = "center">【唐】李白</p>
    <p align = "center">床前明月光,疑是地上霜。</p>
    <p align = "center">举头望明月,低头思故乡。</p>
</body>
```

页面效果如图2-3所示。

图 2-3　案例 2-1 效果图

2.2.3　换行标签

在网页中,有时候某段文本需要换行显示,不能通过"Enter"键实现,而应该使用换行标签。换行标签用
表示,它是一个单标签,因此
</br>这样的写法是错误的。具体使用方法如下:

```
<body>
    <p>html 使用 br 标签<br/>实现换行效果</p>
    <p>html 文档中如果使用
    按 Enter 键的方式是起不到换行效果的</p>
</body>
```

页面效果如图 2-4 所示。

图 2-4　换行标签的使用

从效果图可以看出,使用
标签实现了在段落中换行的效果,而使用回车键(Enter)只是在段落中多出了一个空白字符,并未起到换行作用。

注意:在写地址信息或者写诗词时
标签非常有用。在实际使用中,
标签一般用来输入空行,而不是分割段落。

2.2.4 水平线标签

为了使网页文档结构清晰、层次分明,HTML 使用水平线标签<hr>定义页面中的主题变化(比如话题的转移)或用来分隔页面中的内容,并显示为一条水平线。语法格式如下:

<hr 属性 1 = "属性值 1" 属性 2 = "属性值 2" .. / >

其中,属性用来设置水平线的样式,没有属性<hr>标签将显示一条默认样式的水平线。常用属性主要有 align,size,width,color 等,如表 2-1 所示。

表 2-1 <hr>标签的属性

属性名	功能描述	属性值
size	设置水平分割线的粗细	以像素为单位的数值,默认为 2 像素
align	设置水平分割线的对齐方式	可选择 left,center,right 3 种值,默认为 center
width	设置水平分割线的宽度	可以是像素值,也可以是浏览器窗口的百分比,默认为 100%
color	设置水平分割线的颜色	可用颜色名称(如 red,blue)、十六进制、rgb(r,g,b)表示
noshade	设置水平分割线的 3D 阴影	

案例 2-2:在案例 2-1 的基础上添加水平分割线。

代码如下:

```html
<body>
    <h2 align = "center">静夜思</h2>
    <p align = "center">【唐】李白</p>
    <!-- 添加分割线 -->
    <hr width = "200px" color = "blue"/>
    <p align = "center">床前明月光,疑是地上霜。</p>
    <p align = "center">举头望明月,低头思故乡。</p>
</body>
```

页面效果如图 2-5 所示。

图 2-5 案例 2-2 效果图

值得提出的是,在实际开发中<hr/>的外观样式一般由 CSS 样式进行设置,而不是用其属性。

2.2.5　特殊字符标签

在 HTML 中有些字符不能直接显示到页面上,例如大于号">"、小于号"<"、版权信息符号"©"等,这时就要用特殊字符标签显示出来。常见的特殊字符及对应的学符代码如表2-2 所示。

表 2-2　常见的特殊字符标签

特殊字符	空格	<	>	&	"	©	®	×
字符代码		&lt;	&gt;	&amp;	&quot;	&copy;	&reg;	&times;

2.2.6　格式化标签

HTML 中提供了一些专门的文本格式标签,利用这些标签可以让文本富有变化,比如为文本设置粗体、斜体、下划线等,或者着重强调某一部分,强调部分比其他部分更重要。常用的文本格式化标签有<b>,<i>,<em>等。

1. 粗体文本

粗体文本通过<b>标签定义,该标签告诉浏览器将其包含的文本以粗体(bold)显示。语法格式如下:

```
<b>文本内容</b>
```

2. 斜体文本

斜体文本通过<i>标签进行定义,该标签告诉浏览器将其包含的文本以斜体字(italic)或者倾斜(oblique)字体显示。语法格式如下:

```
<i>文本内容</i>
```

3. 大小号字体

大号字体效果通过<big>标签定义,该标签可以放大字体。如果其包含的文字已经是字体模型所支持的最大字体,<big>标签将不起任何作用。语法格式如下:

```
<big>文本内容</big>
```

小号字体效果通过<small>标签进行定义,该标签可以缩小字体。如果其包含的文字已经是字体模型所支持的最小字体,<small>标签将不起任何作用。语法格式如下:

```
<small>文本内容</small>
```

4. 上下标文本

上标文本用<sup>标签定义,其包含的文本将以当前文本流中字符高度的一半来显示,而文本的字体和字号与当前文本流中文本一致。语法格式如下：

```
<sup>文本内容</sup>
```

下标文本用<sub>标签定义，其包含的文本表现形式（高度、字体、字号）与上标描述一致。语法格式如下：

```
<sub>文本内容</sub>
```

5. 强调文本

强调文本可以使用<em>标签和<strong>标签来定义，其包含的文本即为强调的内容，<strong>标签表示的语气更强。在表现形式上，<em>包含的文本用斜体来显示，<strong>包含的文本用粗体来显示。

<em>标签的语法格式如下：

```
<em>文本内容</em>
```

<strong>标签的语法格式如下：

```
<strong>文本内容</strong>
```

在实际开发中，通常用<strong>标签替换加粗标签<b>使用，用<em>标签替换斜体标签<i>使用。然而，这些标签的含义是不同的：<b>与<i>仅起到定义样式的作用；<strong>和<em>则意味着要呈现的文本是重要的，需要突出显示。

2.3　图像和超链接标签

2.3.1　相对路径和绝对路径

在查找计算机上的文件时，必须知道文件的位置才能找到文件，而表示文件位置的方式就是路径。网页中的路径通常分为绝对路径和相对路径。

1. 绝对路径

绝对路径就是网站中的文件或目录在硬盘上的真正路径，它可以完整描述文件位置。例如"C:\website\img\logo. png"，或完整的网络地址如"http://www. cqcvc. edu. cn/img/logo. png"，通过绝对路径不需要知道其他任何信息就可以判断出文件的位置。

虽然使用绝对路径定位链接目标文件比较清晰，但是有 3 个缺点：一是路径较长，需要输入更多的内容；二是如果该文件被移动，就需要重新设置所有的相关链接，例如将 C 盘里的网站文件复制到了 D 盘，所有的链接都需要重新设置；三是将页面上传到网站时就很可能出错，因为网站的服务器可能在 C 盘或 D 盘，也可能在某个目录下。总之，文件路径不能确定为某一个固定的绝对路径。

2. 相对路径

相对路径顾名思义就是相对于当前文件的路径,它没有盘符,以 HTML 网页文件为起点,通过层级关系描述目标文件的位置。通常只包含文件夹名和文件名,有时只有文件名。相对路径的设置通常有 3 种情况。

接下来以图像文件"logo. png"为例,详细介绍相对路径的使用。

① 图像文件和 HTML 文件位于同一个文件夹,如图 2-6 所示。

"logo. png"和 HTML 文件同位于"web02"文件夹中,此时图像文件的相对路径即为文件名称"logo. png"。

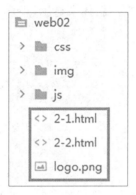  

图 2-6　相对路径使用 1　　　图 2-7　相对路径使用 2　　　图 2-8　相对路径使用 3

② 图像文件位于 HTML 文件的同级文件夹,如图 2-7 所示。

"logo. png"位于 HTML 文件的同级文件夹"img"中,此时图像文件的相对路径为"img/logo. png",其中"/"表示下一级目录。

③ 图像文件位于 HTML 文件的上一级文件夹,如图 2-8 所示。

"logo. png"位于 HTML 文件的上一级文件夹"web"中,此时图像文件的相对路径为:".. /logo. png",其中".. /"表示上一级目录。上两级目录可以用".. /.. /"表示,以此类推。

需要注意的是,网页中并不推荐使用绝对路径。诚如所述,当网页制作完成,上传到服务器后,将很可能不存在"C:\website\img\logo. png"这样的精准路径,导致文件路径错误,网页无法正常显示,因此在实际开发中,一般使用相对路径。

2.3.2　图像标签

图像是网页内容的重要组成部分,巧妙地放置图像可以使网页变得丰富多彩。本节将介绍 HTML 中图像的使用方式。

1. 常见的图像格式

图像格式即图像文件的格式,目前网页上常用的图像格式有 GIF,PNG 和 JPG3 种。

(1) GIF 格式

GIF 图像文件的数据是经过压缩的,采用了可变长度等压缩算法,目的在于最小化文件和减少传输时间,其最突出的特点就是支持动画。同时,GIF 也是一种无损的图像格式,也就是说修改图片之后,图片质量没有损失。再加上 GIF 支持透明,因此很适合在互联网上使用。

（2）PNG 格式

PNG 图像文件格式是作为 GIF 的无专利替代品开发的,用于无损压缩和在 Web 上显示图像。PNG 支持 24 位图像并产生无锯齿状边缘背景透明度,支持 alpha 透明（全透明,半透明,全不透明）,并且颜色过渡平滑。其中 PNG-8 和 GIF 类似,只能支持 256 种颜色,如果做静态图可以取代 GIF,而真色彩 PNG 可以支持更多的颜色,同时真色彩（PNG-32）支持半透明效果的处理。它有如下特点:

① PNG 是目前保证最不失真的格式,它汲取了 GIF 和 JPG 二者的优点,存贮形式丰富,兼有 GIF 和 JPG 的色彩模式。

② PNG 能把图像文件压缩到极限以利于网络传输,又能保留所有与图像品质有关的信息,因为 PNG 是采用无损压缩方式来减小文件的大小,这一点与牺牲图像品质以换取高压缩率的 JPG 有所不同。

③ PNG 的第三个特点是显示速度很快,只需下载 1/64 的图像信息就可以显示出低分辨率的预览图像。

④ PNG 同样支持透明图像的制作。透明图像在制作网页图像时很有用,可以把图像背景设为透明,用网页本身的颜色信息来代替设为透明的色彩,这样可让图像和网页背景和谐地融合在一起。

⑤ PNG 不支持动画。

（3）JPG 格式

JPG 是特别为照片图像设计的文件格式,网页制作过程中类似于照片的图像,比如横幅广告（banner）、商品图片、较大的插图等都可以保存为 JPG 格式。它所能显示的颜色比 GIF 和 PNG 更加丰富,可以用来保存超过 256 种颜色的图像,但是 JPG 是一种有损压缩的图像格式,这就意味着每修改一次图片都会造成一些图像数据的丢失。

总的来说,在网页中小图片或网页基本元素如图标、按钮等考虑使用 GIF 或 PNG-8 格式图像,半透明图像考虑使用真色彩 PNG 格式（一般指 PNG-32）,色彩丰富的图片则考虑使用 JPG 格式,动态图片可以考虑使用 GIF 格式。

2. 图像标签 <img>

在网页中显示图像需要用到<img>标签,这是一个单标签。语法格式如下:

```
<img src = "图像 URL"/>
```

其中,src（source 的缩写）属性用于指定图像文件的路径和文件名,是 img 标签的必需属性;"图像 URL"是指图像路径,可以是绝对路径,也可以是相对路径,一般使用相对路径。除了 src 属性,<img>还有一些可选属性,比如 alt,title,width,height 等。

（1）alt 属性

alt 属性用来规定图像的替代文本,当图像无法正常显示时,比如在图片加载错误、浏览器版本过低等情况下,浏览器将显示替代文本。具体用法如下:

```
<body>
    <img src = "img/play1.jpg" alt = "运动、团结、加油"/>
</body>
```

运行上述代码，如果图像可以正常显示，效果如图 2-9 所示；如果图像不能正常显示，在浏览器中将显示 alt 属性定义的替代文本"运动、团结、加油"，效果如图 2-10 所示。

图 2-9　图像正常显示效果

图 2-10　图像未正常显示时的效果

（2）title 属性

title 属性用于设置鼠标悬停在图像上显示的文本。具体用法如下：

```
<body>
    <img src = "img/play1.jpg" alt = "运动、团结、加油" title = "团队协作运行"/>
</body>
```

运行上述代码，将鼠标指针移动到图像上，指针旁边将显示 title 属性定义的文本"团队协作运行"，效果如图 2-11 所示。

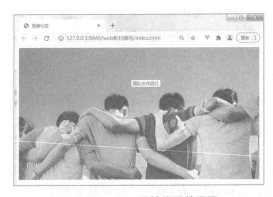

图 2-11　title 属性使用效果图

（3）其他常用属性

在<img>属性中还有一些属性可以用来设置图像的样式，例如 width,height,align 等，具体属性如表 2-3 所示。

表 2-3　<img>标签的属性

属　　性	描　　述
width	图像的宽度,单位为像素
height	图像的高度,单位为像素
align	图像和文字之间的对齐方式,值可以是 left,right,top,middle,bottom
border	边框宽度
hspace	水平间距,设置图像左侧和右侧的空白
vspace	垂直间距,设置图像顶部和底部的空白

width 和 height 属性用于设置图像的尺寸。如果没有设置<img>标签的高度和宽度,图像将以原始尺寸显示。在实际开发中只需设置图像宽度,图像高度会按原图比例自动缩放。如果同时设置两个属性,当其比例和原图不一致时,图像显示就会变形失真。

align 属性用于设置图像相对于文本的对齐方式:left 表示相对文本靠左对齐;right 表示相对文本靠右对齐;top 表示图像靠上对齐;middle 表示图像中央对齐;bottom 表示图像靠底部对齐。

border 属性用来设置图像的边框。默认情况下图像是没有边框的,当设置数值时,就会显示图片相应宽度的边框。

hspace 和 vspace 属性用来设置图像的水平间距和垂直间距,即图像左右上下的留白宽度。

案例 2-3:图文混排。

代码如下:

```html
<body>
    <h2 align = "center">学院介绍</h2>
    <hr/>
    < img src = "img/logo.png" width = "150" align = "right" border = "1" vspace = "10" hspace = "20"/>
    <p>       学校地处成渝地区双城经济圈"桥头堡"、西部职教基地、重庆永川国家级高新区、大数据产业园核心地段,坐拥观音山公园和凤凰湖公园,是一所建在高新园区和都市公园里的大学。学校占地 912 亩,校舍建筑面积 30 万平方米,现有全日制在校学生 10000 余人。建有 1 个市级高技能人才培训基地、1 个区域智能制造公共实训中心、2 个世界技能大赛重庆市选拔集训基地,1 个市级虚拟仿真实训基地、1 个市级高校工程中心、1 个市级应用技术推广中心等校内实践基地,教学科研仪器设备值近 1 亿元,馆藏图书 150 万册(含电子图书),建成资源丰富、高效便捷的"智慧城职"一站式信息化服务平台。</p>
</body>
```

图文混排是网页中很常见的效果,本案例中图像和文字的环绕效果为图像居右,文字环绕,所以设置对齐属性 align 为 right。

运行上述代码,效果如图 2-12 所示。

图 2-12 案例 2-3 效果图

需要指出的是,实际开发中并不建议使用这些属性设置图像的表现形式,后面可以使用 CSS 样式来代替。

2.3.3 超链接标签

超链接是从一个网页转到另一个网页的途径,它是网页的重要组成部分,每个网页通过超链接关联在一起,构成一个完整的网站。

1. 创建超链接

HTML 使用标签<a>来设置超链接。语法格式如下:

```
<a href = "跳转目标 URL">链接内容</a>
```

其中,href 属性定义了这个链接所指向的目标地址;链接内容可以是文本、图像或者网页中的任何内容元素。只有通过超链接定义的对象,才能在单击时跳转到 href 属性指定的目标。

href 属性是<a>标签最重要的属性,没有 href 属性,<a>标签将不具有超链接功能。除此之外,<a>标签还有一些常用属性,例如 target,title。

target 属性用于规定链接页面的打开方式,其值主要有_self 和_blank 两种:_self 为默认值,表示在当前页面打开;_blank 表示在一个新窗口中打开。值得注意的是,target 属性仅在 href 属性存在时才能使用。

title 属性用于当鼠标悬停在超链接上时显示的提示文本。

案例 2-4:在案例 2-3 的基础上加入超链接。

代码如下:

```
<body>
<h2 align = "center">
    <a href = "https://www.cqcvc.edu.cn/zhuzhan/about.aspx?t = 10">学院介绍
</a>
```

```
    </h2>
    <hr/>
    <a href = "https://www.cqcvc.edu.cn">
        <img src = "img/logo.png" width = "150" align = "right" border = "1" vspace =
"10px" hspace = "20px"/>
    </a>
    <p>       学校地处成渝地区双城经济圈
"桥头堡"、西部职教基地、重庆永川国家级高新区、大数据产业园核心地段,坐拥观音山公园和
凤凰湖公园,是一所建在高新园区和都市公园里的大学。学校占地912亩,校舍建筑面积30
万平方米,现有全日制在校学生10000余人。建有1个市级高技能人才培训基地、1个区域智
能制造公共实训中心、2个世界技能大赛重庆市选拔集训基地,1个市级虚拟仿真实训基地、1
个市级高校工程中心、1个市级应用技术推广中心等校内实践基地,教学科研仪器设备值近1
亿元,馆藏图书150万册(含电子图书),建成资源丰富、高效便捷的"智慧城职"一站式信息化
服务平台。</p>
    </body>
```

本例创建了2个超链接:

第一个链接是通过 href 属性将跳转目标设置为学院介绍页面"https://www.cqcvc.edu.cn/zhuzhan/about.aspx?t=10",链接内容是文章标题"学院介绍"。

第二个链接是通过 href 属性将跳转目标设置为学院首页"https://www.cqcvc.edu.cn",链接内容是文章中的图片。

运行上述代码,效果如图2-13所示。从效果图可以看出,设置了超链接的文本"学院介绍"改变了样式,这是超链接的默认样式。另外,当鼠标放在超链接上时,鼠标会变成小手状。

图2-13　案例2-4效果图

单击"学院介绍"超链接,即可打开学院介绍页面;单击图片超链接,即可打开学院首页。

2. 锚点链接

有些网页内容较多,页面过长,用户需要不停地使用浏览器上的滚动条来查看文档中的

内容,这样不仅效率低,而且操作不方便。为了增强用户体验,可以在 HTML 文档中插入锚点链接。锚点链接是超链接中的一种,使用它可以链接到文档中的某个特定位置,例如许多网页中有一个回到顶部的功能,点击它,可以迅速回到网页的顶部,使用的就是锚点链接。

锚点链接的具体使用场景有 2 种:跳转到当前页面的指定位置和跳转到其他页面的指定位置。本小节对跳转到当前页面的指定位置这种情况进行讲解。

创建锚点链接分为 2 步,先定义锚点,再设置锚点链接跳转到锚点目标的位置。

(1) 定义锚点

语法格式如下:

```
<标签名 id="锚点名称">跳转位置</标签名>
```

其中,锚点名称就是对后面跳转所创建的锚点,也可以用 name 属性定义锚点名称;跳转位置则是设置链接后跳转的位置。

(2) 设置锚点链接

语法格式如下:

```
<a href="#锚点名称">链接内容</a>
```

其中,锚点名称就是定义锚点的名称,# 代表这个锚点的链接地址。对于跳转到其他页面的指定位置,只需要在 # 前加上要跳转到的页面的路径即可。

案例 2 - 5:回到顶点。

代码如下:

```
<body>
    <p id="top">这里是顶点位置</p>
    <p>网页内容</p>
    <p>网页内容</p>
    <p>网页内容</p>
    <p>网页内容</p>
    <p>网页内容</p>
    <p>网页内容</p>
    <p>网页内容</p>
    <p>网页内容</p>
    <p>网页内容</p>
    <p>网页内容</p>
    <p>网页内容</p>
    <p>网页内容</p>
    <p>网页内容</p>
    <p>网页内容</p>
    <p>网页内容</p>
    <p>网页内容</p>
```

```
        <p>网页内容</p>
        <p>网页内容</p>
        <p>网页内容</p>
        <p>网页内容</p>
        <a href = "♯top">回到顶点</a>
    </body>
```

运行上述代码,效果如图 2-14 所示。在页面中单击超链接文本"回到顶点",页面跳转到如图 2-15 所示效果。

图 2-14　案例 2-5 效果图

图 2-15　点击锚点效果图

　表格与列表

2.4.1 列表标签

列表标签可以将若干条相关的内容整理起来,使网页内容看起来更加有条理。HTML 提供了 3 种类型的列表标签,分别为无序列表<ul>、有序列表<ol>和定义列表<dl>。

1. 无序列表

无序列表是指没有数字编号的列表,HTML 使用<ul>标签表示无序列表,使用<li>标签表示每个列表项目。列表之间的内容与顺序无关,比如城市的名称、饭菜的种类等不需要表明顺序,就可以使用无序列表。语法格式如下:

```
<ul type = "编号类型">
    <li>项目 1</li>
    <li>项目 2</li>
    <li>项目 3</li>
</ul>
```

其中,type 属性规定列表的项目符号的类型,可省略。其值有 3 个:disc 表示实心圆(默认值),square 表示小方块,circle 表示空心圆。

在列表项中可以放置文本、图像、链接等内容,也可以放置一个新列表(列表嵌套)。需要注意,<ul>要和<li>配合使用,不要单独出现,并且不建议在<ul>中直接使用除<li>之外的其他标签。

2. 有序列表

有序列表是有数字编号的列表,HTML 使用<ol>标签表示有序列表,使用<li>标签表示每个列表项目。有序列表是一种强调排列顺序的列表,比如歌曲排行榜、做菜步骤等需要按顺序展示,就可以使用有序列表。语法格式如下:

```
<ol type = "编号类型">
    <li>项目 1</li>
    <li>项目 2</li>
    <li>项目 3</li>
</ol>
```

其中,type 属性的作用和无序列表一样用来规定列表的项目符号类型,只是值不同。除此之外,有序列表还有 start 和 value 两个属性值,具体如表 2-4 所示。

表 2-4   <ol>标签的属性

属　　性	描　　　　述
type	表示项目符号(1,2,3,…)
	表示项目符号(A,B,C,…)
	表示项目符号(a,b,c,…)
	表示项目符号(Ⅰ,Ⅱ,Ⅲ,…)
	表示项目符号(ⅰ,ⅱ,ⅲ,…)
start	表示项目符号的起始值
value	表示项目符号的数值

3. 定义列表

定义列表由标题和描述两部分组成,HTML 使用<dl>标签创建定义列表,用<dt>表示标题,用<dd>表示对标题的描述。语法格式如下:

```
<dl>
    <dt>标题 1<dt>
    <dd>标题 1 描述文本<dd>
    <dt>标题 2<dt>
    <dd>标题 2 描述文本<dd>
    <dt>标题 3<dt>
    <dd>标题 3 描述文本<dd>
</dl>
```

需要注意的是,<dt>和<dd>是同级标签,都属于<dl>的子标签。一般情况下,每个<dt>搭配一个<dd>,一个<dl>可以包含多对<dt>和<dd>。

案例2-6:列表标签的使用。

代码如下:

```
<body>
    <h4>ABC饭店菜单</h4>
    <ul>
        <li>鱼香肉丝</li>
        <li>宫保鸡丁</li>
        <li>夫妻肺片</li>
    </ul>
    <h4>菜品排行榜</h4>
    <ol>
        <li>宫保鸡丁</li>
        <li>鱼香肉丝</li>
        <li>夫妻肺片</li>
    </ol>
    <h4>菜品介绍</h4>
    <dl>
        <dt>宫保鸡丁</dt>
        <dd>宫保鸡丁选用鸡肉为主料,佐以花生米、辣椒等辅料烹制而成;红而不辣、
辣而不猛、香辣味浓、肉质滑脆;其入口鲜辣,鸡肉的鲜嫩可以配合花生的香脆。</dd>
        <dt>鱼香肉丝</dt>
        <dd>鱼香肉丝是一道著名川菜,其咸鲜酸甜兼备,葱姜蒜香浓郁,其味是调味品
调制而成,此法源自四川民间独具特色的烹鱼调味方法,而今已广泛用于川味的熟菜中。
</dd>
        <dt>夫妻肺片</dt>
        <dd>夫妻肺片通常以牛头皮、牛心、牛舌、牛肚、牛肉为主料,进行卤制,而后切
片。再配以辣椒油、花椒面等辅料制成红油浇在上面。其制作精细,色泽美观,质嫩味鲜,麻辣
浓香,非常适口。</dd>
    </dl>
</body>
```

运行上述代码,效果如图2-16所示。

在使用列表时,列表项中可以包含若干个子列表项,这时可以用列表嵌套。无序列表、有序列表和定义列表都可以相互嵌套使用,浏览器都可根据层级自动分层排列。

2.4.2　表格标签

为了有条理地显示网页中的元素或数据,HTML提供了一系列标签来定义表格,它和Excel中的表格类似,包括行、列、单元格、表头等元素。

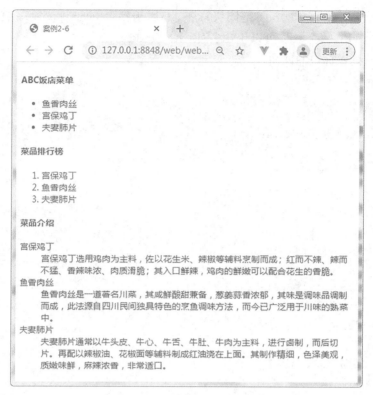

图 2-16　案例 2-6 效果图

1. 表格的定义

表格由<table>标签来定义,每个表格均有行和列,行由<tr>标签来定义,表头由<th>标签来定义,单元格由<td>标签来定义。单元格的内容可以包括文字、图片、列表等。语法格式如下:

```
<table>
    <tr>
        <th>表头</th>
        ...
    </tr>
    <tr>
        <td>单元格内容</td>
        ...
    </tr>
    ...
</table>
```

表格的所有内容需要写在<table>和</table>之间,表格是按行组织的,一个表格中有多少行,就需要多少对<tr></tr>行标签。除此之外,HTML 表格也可能包括其他标签。具体如表 2-5 所示。

表 2-5　表格标签

标签名	描　述
<table>	定义表格
<caption>	定义表格标题
<th>	定义表格的表头
<tr>	定义表格的行
<td>	定义表格单元
<thead>	定义表格的页眉
<tbody>	定义表格的主体
<tfoot>	定义表格的页脚

案例 2-7:表格标签的使用。

代码如下:

```
<body>
    <table>
            <caption>学生信息表</caption>
            <tr>
                    <th>学号</th>
                    <th>姓名</th>
                    <th>性别</th>
                    <th>班级</th>
                    <th>辅导员老师</th>
            </tr>
            <tr>
                    <td>1940503001</td>
                    <td>刘义皓</td>
                    <td>男</td>
                    <td>22 计算机 0031</td>
                    <td>张老师</td>
            </tr>
            <tr>
                    <td>1940503002</td>
                    <td>杨思思</td>
                    <td>女</td>
                    <td>22 计算机 0031</td>
                    <td>张老师</td>
            </tr>
            <tr>
                    <td>1940503003</td>
```

```
                                <td>程佳伟</td>
                                <td>男</td>
                                <td>22 计算机 0031</td>
                                <td>张老师</td>
                    </tr>
                    <tr>
                                <td>1940504001</td>
                                <td>李东</td>
                                <td>男</td>
                                <td>22 计算机 0032</td>
                                <td>张老师</td>
                    </tr>
                    <tr>
                                <td>1940504002</td>
                                <td>王玉萍</td>
                                <td>女</td>
                                <td>22 计算机 0032</td>
                                <td>张老师</td>
                    </tr>
            </table>
        </body>
```

运行上述代码,效果如图 2-17 所示。

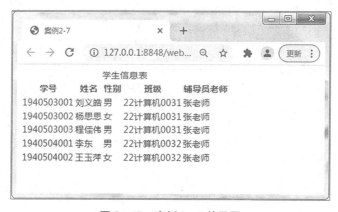

图 2-17 案例 2-7 效果图

通过图 2-17 可以看出,表格共有 5 行,每行有 5 个单元格,表格内容排列整齐有序。默认情况下,表格没有边框,宽度和高度由表格里的内容支撑,如果要对这些或其他样式进行自定义设置,就要用到表格的属性。

2. 表格的属性

(1) <table>标签的属性

<table>标签包含了很多属性,这些属性可用于控制表格的显示样式,具体如表 2-6 所示。

表2-6 <table>标签的属性

属性	描 述	常用属性值
width/height	表格的宽度(高度),值可以是数字或百分比,数字表示表格宽度(高度)所占的像素点数,百分比是表格的宽度(高度)占浏览器宽度(高度)的百分比	像素
align	表格相对周围元素的对齐方式	left,center,right
background	表格的背景图片	URL 地址
bgcolor	表格的背景颜色,不赞成使用,后期通过样式控制背景颜色	颜色值
border	表格边框的宽度	像素
bordercolor	表格边框的颜色	颜色值
cellspacing	单元格之间的间距	像素(默认为1像素)
cellpadding	单元格内容与单元格边界之间的空白距离的大小	像素(默认为2像素)

(2) <tr>标签的属性

<table>标签属性控制的是表格的整体样式,有时需要对行进行设置,这时就需要用<tr>标签的属性。其常用属性如表2-7所示。

表2-7 <tr>标签的常用属性

属性	描 述	常用属性值
align	表示行内容的水平对齐方式	left,center,right
valign	表示行内容的垂直对齐方式	top,middle,bottom

(3) <td>标签的属性

<td>标签的属性用来对单元格的样式进行控制。其常用属性如表2-8所示。

表2-8 <td>标签的常用属性

属性	描 述	常用属性值
width/height	单元格的宽和高,接受绝对值(如 80)及相对值(80%),不赞成使用,后期可通过样式控制	像素
colspan	规定单元格可横跨的列数	正整数
rowspan	规定单元格可横跨的行数	正整数
align	单元格内容的水平对齐方式	left,center,right
valign	单元格内容的垂直对齐方式	top,middle,bottom
bgcolor	单元格的背景颜色	颜色值

案例2-8:在案例2-7的基础上添加表格的属性。

代码如下:

```html
<body>
    <table border = "1" cellpadding = "5" cellspacing = "0" align = "center">
            <caption>学生信息表</caption>
            <tr align = "center">
                    <th>学号</th>
                    <th>姓名</th>
                    <th>性别</th>
                    <th>班级</th>
                    <th>辅导员老师</th>
            </tr>
            <tr>

                    <td>1940503001</td>
                    <td>刘义皓</td>
                    <td>男</td>
                    <td rowspan = "3">22 计算机 0031</td>
                    <td rowspan = "5">张老师</td>
            </tr>
            <tr>

                    <td>1940503002</td>
                    <td>杨思思</td>
                    <td>女</td>
                    <!-- <td>22 计算机 0031</td>
                    <td>张老师</td>-->
            </tr>
            <tr>

                    <td>1940503003</td>
                    <td>程佳伟</td>
                    <td>男</td>
                    <!-- <td>22 计算机 0031</td>
                    <td>张老师</td>-->
            </tr>
            <tr>

                    <td>1940504001</td>
                    <td>李东</td>
                    <td>男</td>
                    <td rowspan = "2">22 计算机 0032</td>
                    <!-- <td>张老师</td>-->
            </tr>
            <tr>

                    <td>1940504002</td>
                    <td>王玉萍</td>
                    <td>女</td>
```

```
                    <!-- <td>22 计算机 0032</td>-->
                    <!-- <td>张老师</td>-->
                </tr>
        </table>
    </body>
```

运行上述代码,效果如图 2-18 所示。需要注意的是,colspan 和 rowspan 属性合并单元格时,由于当前的单元格会占用其他单元格的位置,因此,其他被占用的单元格的<td></td>标签应删除或作为注释。

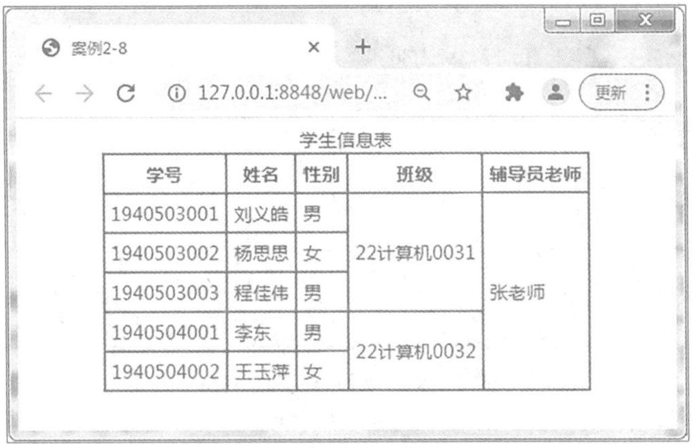

图 2-18 案例 2-8 效果图

2.5 <div>标签和<span>标签

在 HTML 中有两个常用的标签——<div>标签和<span>标签,这两个标签没有特殊的语义,在网页布局时却非常有用。

2.5.1 <div>标签

div 是 division 的简称,中文意思是"分割、区域"。<div>标签相当于一个区块容器,可以容纳各种网页元素,通过与 CSS 结合实现各种布局效果。例如:

```
<div>
    <h2>标题</h2>
    <p>段落</p>
    ...
</div>
<div>
    <ul>
```

```
        <li>项目 1</li>
        <li>项目 2</li>
        ...
    </ul>
    ...
</div>
```

运行上述代码,效果如图 2-19 所示。

图 2-19   <div>标签的使用

<div>标签及其包围的内容可以看作网页的一个版块,<div>标签本身并没有特殊显示效果,需要借助 CSS 样式达到对版块布局的目的。

2.5.2 <span>标签

span 的中文意思是"范围"。<span>标签常用于定义网页中某些特殊显示的文本,配合 class 使用。<span>标签与<div>标签类似,不会为文档内容提供任何视觉效果,需要与 CSS 结合使用才会美化网页。

2.6   结构性标签

网页一般包括头部、导航、文章内容、侧边栏、底部等模块,在传统的 DIV+CSS 布局中,这些模块通常用<div>标签来表示,但是这些标签没有实际意义,不能区分各个模块的含义。HTML 5 的革新之一就是提供了新的结构性标签来准确表示各模块的作用。

HTML 5 主要包含的结构性标签有<header>、<footer>、<nav>、<section>、<article>、<aside>等。通过这些标签,开发者可以方便、快速地实现清晰的 Web 页面布局。

2.6.1 <header>标签

<header>用来定义页面或区段(section)的头部(或称为页眉),通常包含一些引导和导航信息。其实现方式如下：

```
<header>
    <h1>网站标题</h1>
</header>
```

需要注意的是<header>标签与标题标签(<h1>—<h6>)的区别,<header>表示的是网页中的一个模块(比如网页的页眉),可以包含从公司标识到搜索框在内的各式各样的内容。

2.6.2 <footer>标签

<footer>用来定义页面或区段的尾部(或称为页脚),通常含有页面的一些基本信息,比如作者、相关文档链接、版权资料等。其实现方式如下：

```
<footer>
    <h2>页脚</h2>
</footer>
```

<footer>标签的用法和<header>标签基本一样,也会包含其他元素。

2.6.3 <nav>标签

<nav>用于定义页面或区段的导航区域。其实现方式如下：

```
<nav>
  <ul>
      <li><a href = "#">学校首页</a></li>
      <li><a href = "#">学校概况</a></li>
      <li><a href = "#">机构设置</a></li>
      <li><a href = "#">人才培养</a></li>
  </ul>
</nav>
```

导航标签<nav>可以被包含在<header>,<footer>或者其他区块中,一个页面可以有多个导航。

2.6.4 <article>标签

<article>定义正文或一篇完整的内容,通常代表在文档、页面或网站中自成一体的内容,目的是让开发者独立开发或重用,比如论坛的帖子、用户的评论、博客的文章等。其实现方式如下：

```
<article>
    <header>
        <h2>文章页眉</h2>
    </header>
```

```
<p>
    文章正文
</p>
<footer>
    <h2>文章页脚</h2>
</footer>
</article>
```

一般情况下，<article>标签包含一个页眉<header>和一个页脚<footer>。

2.6.5 <section>标签

<section>用于定义页面的逻辑区域或内容组合，可以将页面的内容合理归类和布局。其实现方式如下：

```
<section>
    /* 可以包含多个<article> */
    <article>
        /* article的内容 */
    </article>
    <article>
        /* article的内容 */
    </article>
</section>
```

2.6.6 <aside>标签

<aside>用于定义主要内容的补充或相关附属信息，如引言、图片等，用在 article 之外可以作为侧边栏。其实现方式如下：

```
<aside>
    <p>
        侧边栏内容
    </p>
</aside>
<article>
    /* <article>的内容 */
</article>
```

项目 实现

小李在学习完 HTML 5 的常用标签后，决定亲自动手搭建学院官网首页结构。参考效果如图 2-20 所示。

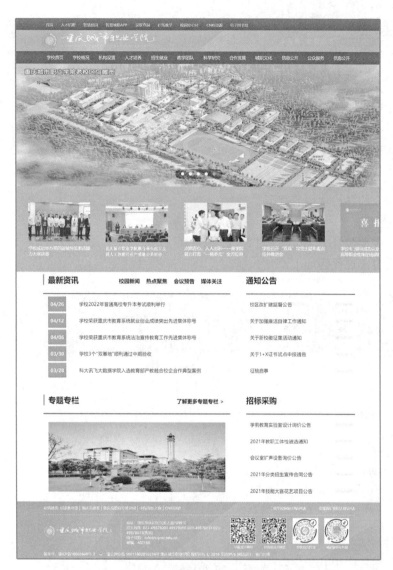

图 2-20 学院官网首页效果图

经过分析效果图,可将学院官网首页分为 4 个模块:头部模块、banner 模块、主要内容模块与尾部模块,其整体结构框架如图 2-21 所示。

根据之前学习的 HTML 5 结构性标签,首页的结构代码如下:

图 2-21 首页整体结构框架图

```
<body>
    <header>
        /* 头部模块 */
    </header>
    <div class = "banner">
        /* banner 模块 */
```

```
      </div>
      <main>
          / * 主要内容模块 * /
      </main>
      <footer>
          / * 尾部模块 * /
      </footer>
   </body>
```

下面详细介绍各模块内容代码。

1. 头部模块

头部模块主要包含 3 个区域(图 2 - 22)。

其结构内容实现代码如下:

图 2 - 22　头部模块结构图

```
/ * 头部模块 * /
<header>
  / * 区域一 * /
  <div class = "header_top">
    <div class = "center">
        / * 导航 * /
        <nav>
          <ul>
              <li><a href = " # ">首页</a></li>
              <li><a href = " # ">人才招聘</a></li>
              <li><a href = " # ">智慧校园</a></li>
            <li><a href = " # ">智慧城职 APP</a></li>
            <li><a href = " # ">录取查询</a></li>
            <li><a href = " # ">在线教学</a></li>
            <li><a href = " # ">校园安心付</a></li>
            <li><a href = " # ">CNKI 资源</a></li>
            <li><a href = " # ">电子图书馆</a></li>
          </ul>
        </nav>
    </div>
  </div>
```

```
/* 区域二 */
<div class = "header_middle">
  <div class = "center">
    <div class = "logo">
      <img src = "img/header/header_log.png" alt = "">
    </div>
    <div class = "wenzi">
      <img src = "img/header/header_wenzi.png" alt = "">
    </div>
    <div class = "xiaoxun">
      <img src = "img/header/header_xiaoxun.png" alt = "">
    </div>
  </div>
</div>
/* 区域三 */
<div class = "header_bottom">
  <nav>
    <ul class = "center">
      <li><a href = "#">学校首页</a></li>
      <li><a href = "#">学校概况</a></li>
      <li><a href = "#">机构设置</a></li>
      <li><a href = "#">人才培养</a></li>
      <li><a href = "#">招生就业</a></li>
      <li><a href = "#">教学团队</a></li>
      <li><a href = "#">科学研究</a></li>
      <li><a href = "#">合作发展</a></li>
      <li><a href = "#">城职文化</a></li>
      <li><a href = "#">信息公开</a></li>
      <li><a href = "#">公众服务</a></li>
      <li><a href = "#">信息公开</a></li>
    </ul>
  </nav>
</div>
</header>
```

运行上述代码,效果如图 2-23 所示。

2. banner 模块

在 banner 模块中放置学院展示图片,此处先放置一张图片(后面项目五中将放置多张图片,实现轮播切换效果)。其结构内容实现代码如下:

```
/* 轮播图模块 */
<div class = "banner">
```

- 首页
- 人才招聘
- 智慧校园
- 智慧城职APP
- 录取查询
- 在线教学
- 校园安心付
- CNKI资源
- 电子图书馆

行大道 启大智 铸大匠 通大悟

- 学校首页
- 学校概况
- 机构设置
- 人才培养
- 招生就业
- 教学团队
- 科学研究
- 合作发展
- 城职文化
- 信息公开
- 公众服务
- 信息公开

图 2‑23　头部模块结构效果图

```html
<div class = "banner-set">
  <div class = "bananer-content">
    <a href = "#"><img src = "img/banner/banner_01.jpg" alt = ""></a>
  </div>
</div>
</div>
```

运行上述代码,效果如图 2‑24 所示。

图 2‑24　banner 模块结构效果图

3. 主要内容模块

主要内容模块可分为上下两部分,如图 2‑25 所示。实现代码如下:

图 2-25 主要内容模块结构图

```
/* 主要内容模块 */
<main class = "center">
/* 主要内容上半部分 */
<div class = "main_top">
  <div class = "main_top_left">
  <div class = "head">
    <a href = "#">最新资讯</a>
    <a href = "#">校园新闻</a>
    <a href = "#">热点聚焦</a>
    <a href = "#">会议预告</a>
    <a href = "#">媒体关注</a>
  </div>
  <div class = "body">
    <ul>
      <li>
      <span class = "data">04/26</span>
      <p>学校 2022 年普通高校专升本考试顺利举行</p>
      </li>
      <li>
      <span class = "data">04/12</span>
      <p>学校荣获重庆市教育系统就业创业成绩突出先进集体称号</p>
      </li>
      <li>
      <span class = "data">04/06</span>
      <p>学校荣获重庆市教育系统法治宣传教育工作先进集体称号</p>
```

```
            </li>
            <li>
                <span class = "data">03/30</span>
                <p>学校 3 个"双基地"顺利通过中期验收</p>
        </li>
        <li>
                <span class = "data">03/28</span>
                <p>科大讯飞大数据学院入选教育部产教融合校企合作典型案例</p>
            </li>
        </ul>
    </div>
</div>
<div class = "main_top_right">
    <div class = "head">通知公告</div>
    <div class = "body">
    <ul>
            <li>校区改扩建监督公告</li>
            <li>关于加强廉洁自律工作通知</li>
            <li>关于新校徽征集活动通知</li>
            <li>关于 1 + X 证书试点申报通告</li>
            <li>征稿启事</li>
    </ul>
    </div>
 </div>
</div>

/* 主要内容下半部分 */
<div class = "main_bottom">
    <div class = "main_bottom_left">
      <div class = "head">
        <a href = "#">专题专栏</a>
        <a href = "#">了解更多专题专栏 ></a>
      </div>
      <div class = "body">
        <img src = "img/main/main.jpg" alt = "">
      </div>
    </div>
    <div class = "main_bottom_right">
        <div class = "head">招标采购</div>
        <div class = "body">
          <ul>
            <li>学前教育实验室设计询价公告</li>
```

```
            <li>2021 年教职工体检遴选通知</li>
            <li>会议室扩声设备询价公告</li>
            <li>2021 年分类招生宣传合同公告</li>
            <li>2021 年技能大赛花艺项目公告</li>
        </ul>
      </div>
    </div>
  </div>
</main>
```

运行上述代码,效果如图 2-26 所示。

图 2-26　主要内容模块结构效果图

4. 尾部模块

尾部模块主要包含 3 个区域(图 2-27)。

实现代码如下:

图 2 - 27 尾部模块结构图

```
/* 尾部模块 */
<footer>
  <div class = "center">
    /* 区域一 */
    <div class = "nav">
      <p class = "nav_left">
      <span>友情链接:</span>
      <a href = "#">国家教育部</a>| <a href = "#">重庆市教委</a>| <a href = "
#">重庆高职高专教育网</a>| <a href = "#">中国高校之窗</a>| <a href = "#">CNKI 资
源</a>
      </p>
      <p class = "nav_right">
        <span>二级学院网站导航列表</span>
        <span>职能部门网站导航列表</span>
      </p>
    </div>
    /* 区域二 */
    <div class = "body">
      <div class = "footer_logo">
        <img src = "img/footer/footer_logo.png" alt = "">
      </div>
      <div class = "address">
        <p>地址:重庆市永川区兴龙大道 1099 号</p>
        <p>招生热线: 023-49578000 49579000 023-49578033 023-49578033(传真)</p>
        <p>电子信箱:info@cqcvc.edu.cn</p>
        <p>邮编:402160</p>
      </div>
      <div class = "erweima">
        <div>
          <img src = "img/footer/ewm_01.png" alt = "">
          <p>学院官方微信</p>
        </div>
        <div>
          <img src = "img/footer/ewm_02.png" alt = "">
          <p>校团委官方微信</p>
```

```
            </div>
            <div>
              <img src = "img/footer/ewm_03.jpg" alt = "">
              <p>学院官方抖音</p>
            </div>
            <div>
              <img src = "img/footer/ewm_04.jpg" alt = "">
              <p>城职新青年抖音</p>
            </div>
          </div>
        </div>
        /* 区域三 */
        <div class = "last">
            <span>备案号:渝 ICP 备 16003649 号-2</span>
            <img src = "img/footer/footer_beian.png" alt = "">
            <span>渝公网安备 50011802010334 号 重庆城市职业学院 版权所有 © 2016 支
持 IPV6 网站设计:赛门仕博</span>
        </div>
      </div>
```

运行上述代码,效果如图 2-28 所示。

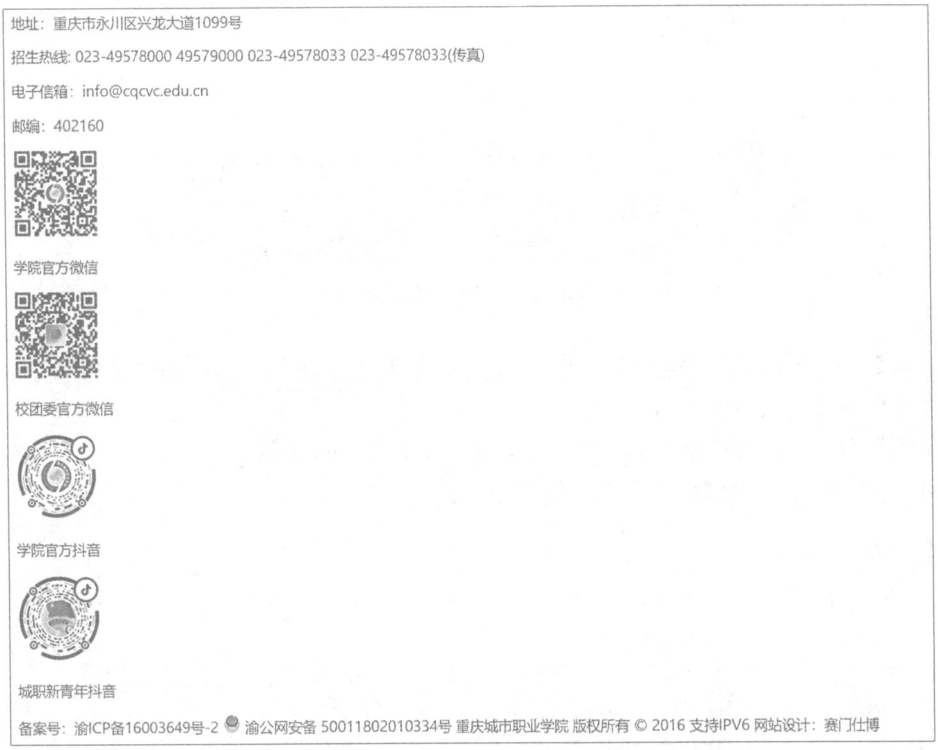

图 2-28　尾部模块结构效果图

项目 拓展

根据效果图 2-29,实现学院网站二级页面"校园新闻"的结构内容制作。

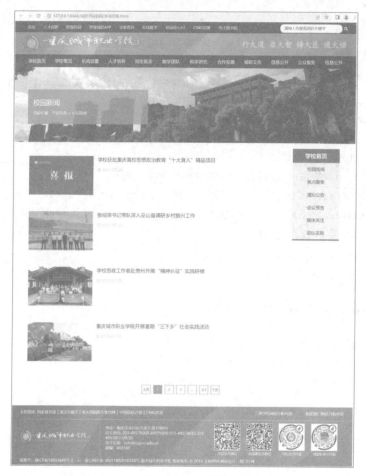

图 2-29　校园新闻效果图

从图 2-29 中可看出,新闻页面与官网首页具有相同的头部模块和尾部模块。实现代码可参考官网首页项目实现部分。

新闻页面主要内容区域可以分为 3 个区域,如图 2-30 所示。

利用本项目知识,编写 HTML 5 代码如下:

```html
<main>
    /* 区域一 */
    <div class = "main_top">
            <img src = "img/xinwen/main.jpg" alt = "">
    <div class = "box">
            <h1>校园新闻</h1>
```

图 2-30 主要内容模块结构图

```
        <span>当前位置:学校首页 >校园新闻</span>
    </div>
</div>
/* 区域二 */
<div class = "main_middle">
    <div class = "main_middle_left">
        <div class = "content">
            <div>
                <img src = "img/xinwen/main_01.jpg" alt = "">
            </div>
            <p>学校获批重庆高校思想政治教育"十大育人"精品项目</p>
            <span>
                <i class = "fa fa-clock-o" aria-hidden = "true"></i>
                    2022-07-26
            </span>
        </div>
        <div class = "content">
            <div>
                <img src = "img/xinwen/main_02.png" alt = "">
            </div>
            <p>张绍荣书记带队深入巫山县调研乡村振兴工作</p>
            <span>
                <i class = "fa fa-clock-o" aria-hidden = "true"></i>
```

```
                    2022-07-23
                </span>
            </div>
            <div class = "content">
                <div>
                    <img src = "img/xinwen/main_03.png" alt = "">
                </div>
                <p>学校思政工作者赴贵州开展"精神长征"实践研修</p>
                <span>
                    <i class = "fa fa-clock-o" aria-hidden = "true"></i>
                    2022-07-20
                </span>
            </div>
            <div class = "content">
                <div>
                    <img src = "img/xinwen/main_04.png" alt = "">
                </div>
                <p>重庆城市职业学院开展暑期"三下乡"社会实践活动</p>
                    <span>
                        <i class = "fa fa-clock-o" aria-hidden = "true"></i>
                        2022-07-16
                    </span>
            </div>
        </div>
        <div class = "main_middle_right">
            <h1>学校首页</h1>
            <ul>
                <li>校园新闻</li>
                <li>焦点聚焦</li>
                <li>通知公告</li>
                <li>会议预告</li>
                <li>媒体关注</li>
                <li>招标采购</li>
            </ul>
        </div>
    </div>
    /* 区域三 */
    <div class = "main_bottom">
        <ul>
            <li>上页</li>
            <li>1</li>
            <li>2</li>
```

```
        <li>3</li>
        <li>...</li>
        <li>321</li>
        <li>下页</li>
      </ul>
    </div>
  </main>
```

项目　小结

本项目介绍了 HTML 5 的基本语法和常用标签,让大家掌握如何搭建一个网页的 HTML 5 结构,为下一阶段页面的样式设计打下基础。

项目　训练

浏览信息与智能制造学院网站主页(https://xxx.cqcvc.edu.cn/),如图 2-31 所示,分析其结构,实现如下任务:

(1)画出主页整体结构框架图;

(2)用 HTML 5 编写主页结构内容代码。

图 2-31　信息与智能制造学院网站主页

实现学院官网首页布局 //////////////////////////////////

能力目标	(1) 会 CSS 3 的基本使用； (2) 能对网页进行布局
知识目标	(1) 了解 CSS 3 的基础知识及最新技术； (2) 掌握 CSS 3 的基本语法规则； (3) 掌握盒子模型的基本原理； (4) 掌握网页布局定位的常用方法
思政与育人 目标	(1) 通过 CSS 3 介绍，引导学生具有表现服务于内容的意识； (2) 通过网页布局，引导学生明白整体与局部的关系

项目 描述

现在小李已经搭建好学院官网首页文档的结构，在对网页进行美化之前，要对网页的整体结构进行布局和定位。因此，小李接下来要学习 CSS 3 基本知识、网页布局技术、网页定位技术等相关知识。

本任务的具体要求：使用 CSS 3 技术对学院官网首页内容进行定位。

知识 准备

3.1　CSS 3 基础

3.1.1　CSS 3 概述

HTML 诞生之初，只用少量的属性来控制网页的显示效果。随着 HTML 的发展，HTML 增加越来越多的属性来满足页面开发者的需求，这导致代码变得杂乱和臃肿，不便于阅读和维护，于是 CSS 出现了。

CSS 的英文全称为 Cascading Style Sheet，中文名称为"层叠样式表"。它是一种不需要编译、可直接由浏览器执行的标记性语言，用于描述网页的表现形式（例如网页元素的位置、大小、颜色等）。其主要特点如下：①语法易学易懂；②丰富的样式定义；③表现和内容分离；④多页面应用；⑤结构清晰，容易被搜索引擎搜索到。

CSS 3 是 CSS 的最新版本，在 CSS 2.1 版本的基础上新增了很多属性和方法。与传统的 CSS 相比，CSS 3 最突出的优势是节约成本和提高性能，具体介绍如下。

1. 节约成本

CSS 3 提供了很多新特性，例如圆角、多背景、透明度、阴影、动画等功能。以前需要使用图片或者 JavaScript 来实现的效果，现在只需要少量 CSS 3 代码就能实现，极大地节约了开发成本。

2. 提高性能

在进行网页设计时，CSS 3 减少了标签的嵌入、图片的使用数量，以及对 Web 站点的 HTTP 请求数，使得页面加载速度和网站的性能得到提升。

3.1.2　CSS 3 语法基础

CSS 样式规则由两部分构成：选择器、花括号{}内的一条或多条声明。语法格式如下：

> 选择器{属性 1:属性值 1; 属性 2:属性值 2; ......}

选择器用于指定 CSS 样式作用的 HTML 对象。每条声明由一个属性和其属性值组成，属性是对指定的对象设置的样式属性，如字体大小、文本颜色等。属性与属性值之间用英文":"连接，多条声明之间用英文";"间隔。例如：

> h1 {color:red; font-size:14px;}

上面这行代码的作用是将 h1 元素内的文字颜色定义为红色，同时将字体大小设置为 14 像素。在这个例子中，h1 是选择器，color 和 font-size 是属性，red 和 14 px 是属性值。代码结构如图 3-1 所示。

图 3-1　声明代码结构

注意：① 应使用花括号来包围声明。

② 如果一个属性的属性值有多个，属性值之间应用空格间隔，例如：

```
p{border: 1px solid red;}
```

③ 如果要定义不止一个声明,则需要用分号将每个声明分开。例如:

```
p {text-align:center; color:red;}
```

④ 为了增强代码的可读性,应每条声明单独占据一行。例如:

```
p {
    text-align: center;
    color: black;
    font-family: arial;
}
```

3.1.3 CSS 样式表的引入方式

要想使用 CSS 修饰网页,就需要在 HTML 中引入 CSS 样式表。引入 CSS 样式表的方法有 3 种:行内式、内嵌式和外链式。

1. 行内式

行内式也称为内联样式,通过标签的 style 属性来设置元素样式。语法格式如下:

```
<标签名称 style="属性1:属性值1; 属性2:属性值2; 属性…">
```

其中,style 是标签的属性,任何 HTML 标签都有 style 属性。属性和属性值的书写规范与 CSS 样式规则一样。行内式只对其所在的标签和嵌套在其中的子标签起作用。例如:

```
<p style="color: #fff ; font-size: 24px;">段落文本</p>
```

其中,使用<p>标签的 style 属性设置当前段落的字体大小和颜色。

行内式是用标签属性控制样式,没有做到结构和样式的分离,所以不推荐过多使用。

2. 内嵌式

内嵌式是将 CSS 代码集中写在 HTML 文档的<head>头部标记中,并且用<style>标签定义。语法格式如下:

```
<head>
    <style type="text/css">
            选择器{属性1:属性值1; 属性2:属性值2; …}
    </style>
</head>
```

其中,<style>标签一般位于<title>标签之后;type 属性用于定义文档的类型,这里需要指定为"text/css"。例如:

```
<head>
    <style type = "text/css">
            p{color:red;}
    </style>
</head>
```

由于内嵌式将结构与样式进行了不完全分离,只对其所在的页面有效,因此仅设计一个页面时,可以选择这种方式。如果是一个网站,则不建议使用这种方式,因为内嵌式不能充分发挥 CSS 代码的重用优势。

3. 外链式

外链式也称为链入式,是将所有样式放在一个或多个以".css"为扩展名的外部样式表文件中,通过<link>标签将外部样式表链接到 HTML 文档中。语法格式如下:

```
<link  href = " * .css"  type = "text/css "  rel = "stylesheet"/>
```

其中,<link>标签需要放在<head>头部标签中;href 属性定义链接的 CSS 文件的位置,可以使用相对路径,也可以使用绝对路径;type 属性和内嵌式中 type 意义一致;rel 属性定义当前文档与被链接文档之间的关系,这里需要指定为"stylesheet"。

外链式最大的好处是同一个 CSS 样式表可以被不同的 HTML 页面链接使用,同时一个 HTML 页面也可以通过多个<link>标签链接多个样式表。由于它将 HTML 代码和 CSS 代码分离为两个或多个文件,实现了结构和样式的完全分离,使网页的前期制作和后期维护都十分方便,因此,在实际开发中多使用外链式。

3.1.4　CSS 3 基本选择器

选择器是 CSS 3 样式规则的重要组成部分,目的是使 HTML 应用 CSS 3 样式时找到对应的目标元素。最常见的 CSS 选择器有标签选择器、类选择器、id 选择器、交集选择器、并集选择器、后代选择器、子代选择器、通配符选择器等。

1. 标签选择器

标签选择器是把文档中的标签名称作为选择器,HTML 中的所有标签都可以作为标签选择器,例如 div,table,p,span,li,ul 等。语法格式如下:

```
标签名{属性 1:属性值 1; 属性 2:属性值 2; ......}
```

例如,定义标签 p 中文本的颜色,代码如下:

```
p{color:blue;}
```

以上代码能够把 p 标签中的文本颜色设置为蓝色。

2. 类选择器

类选择器可以将不同的元素分类定义成不同的样式。定义类选择器时,需要在类名前加一个英文点号(.)。语法格式如下:

```
.类名{属性1:属性值1; 属性2:属性值2; ......}
```

为了让类选择器有效,需要在 HTML 元素中使用 class 属性定义出对应的类名,例如:

```
<p class = "blue">文本内容</p>
```

下面使用类选择器设置 p 标签中的文本颜色为蓝色。代码如下:

```
.blue { color:blue; }
```

类选择器最大的优势是可以为元素对象定义单独或相同的样式。

案例 3-1:类选择器的使用。

代码如下:

```
<!DOCTYPE html>
<html>
    <head>
            <meta charset = "utf-8"/>
            <title>类选择器</title>
            <style type = "text/css">
                    .cls{
                        color: blue;
                        font-size: 20px;
                    }
                    .con{
                        font-size: 12px;
                    }
            </style>
    </head>
    <body>
            <div class = "cls">设置文本为蓝色,字体大小为20px</div>
            <p class = "con">设置文本为12px</p>
            <p class = "cls">设置文本为蓝色,字体大小为20px</p>
    </body>
</html>
```

页面效果如图 3-2 所示。

注意:类名的第一个字符不能使用数字,并且严格区分大小写,一般采用小写的英文字符。

3. id 选择器

id 选择器用于对某个单一的元素定义单独的样式,通过"#"和标签的 id 属性值(标签的唯一标识)可以定义一个 id 选择器。语法格式如下:

图 3-2 案例 3-1 效果图

```
#id 值{属性 1:属性值 1; 属性 2:属性值 2; ......}
```

为了让 id 选择器有效,需要在 HTML 元素中定义 id 属性值,例如:

```
<p id = "blue">文本内容</p>
```

下面使用 id 选择器设置 p 标签中的文本颜色为蓝色。代码如下:

```
#blue { color:blue; }
```

通常情况下,一般不采用多个元素使用同一 id 样式,当同一元素需要使用同一类样式时应使用 class 类选择器。

注意:标签的 id 属性值在整个 HTML 文档中应该是唯一的,文档中如果出现两个元素的 id 相同,并不会报错,实际操作中要注意这种情况。

4. 交集选择器

交集选择器由两个选择器组成,其中第一个为标签选择器,第二个为 class 选择器或 id 选择器,两个选择器之间不能有间隔。语法格式如下:

```
标签名. 类名{属性 1:属性值 1; 属性 2:属性值 2; ......}
标签名#id 名{属性 1:属性值 1; 属性 2:属性值 2; ......}
```

例如,在页面中有多个元素同时使用了类"cls",若只想针对 class 属性值为 cls 的 div 元素修改样式,那么可以这样写:

```
div.cls{
    color:blue;
}
```

以上代码可以将具有 class 属性值为 cls 的 div 元素的字体颜色设置为蓝色。

案例 3-2:交集选择器的使用。

代码如下:

```
<!DOCTYPE html>
<html>
    <head>
            <meta charset = "utf-8"/>
            <title>交集选择器</title>
            <style type = "text/css">
                    .cls{
                            font-size: 10px;
                    }
                    p{
                            font-size: 20px;
                    }
                    p.cls{
                            font-size: 30px;
                    }
            </style>
    </head>
    <body>
            <div class = "cls">设置文本大小为 10px</div>
            <p>设置文本大小为 20px</p>
            <p class = "cls">设置文本大小为 30px</p>
    </body>
</html>
```

页面效果如图 3-3 所示。

图 3-3　案例 3-2 效果图

从图 3-3 中可以看出,交集选择器 p.cls 定义的样式仅仅适用于<p class="cls"></p>中的内容,而不会对<div class="cls"></div>和<p></p>中的内容造成影响。

5. 并集选择器

并集选择器将同样的样式规则应用到多个选择器中,每个选择器之间使用逗号(,)分

隔。语法格式如下:

```
选择器1,选取器2,…{属性1:属性值1; 属性2:属性值2; ......}
```

例如,在 CSS 样式表中,不同的选择器中定义相同的样式规则,代码如下:

```
.a{
    width:100px;
    height:100px;
}
.b{
    width:100px;
    height:100px;
    color:red;
}
```

以上代码可以修改如下:

```
.a,.b{
    width:100px;
    height:100px;
}
.b{
    color:red;
}
```

使用并集选择器可以避免定义重复的样式规则,最大程度地减少 CSS 样式表中的代码。

6. 后代选择器

后代选择器用来选择元素和元素组的后代,其写法就是把外层标记写在前面,内层标记写在后面,中间用空格分隔。当标记发生嵌套时,内层标记就成为外层标记的后代。语法格式如下:

```
选择器1 选择器2 …{属性1:属性值1; 属性2:属性值2; ......}
```

其中,选择器2代表标签可以看作选择器1代表标签的后代。

案例3-3:后代选择器的使用。

代码如下:

```
<!DOCTYPE html>
<html>
    <head>
            <meta charset = "utf-8" />
            <title>后代选择器</title>
            <style type = "text/css">
```

```
                        div li{
                                color:blue;
                        }
                </style>
        </head>
        <body>
                <div>
                        <ul>
                                <li>div 项目 1</li>
                                <li>div 项目 2</li>
                        </ul>
                </div>
                <ul>
                        <li>项目 1</li>
                        <li>项目 2</li>
                </ul>
        </body>
</html>
```

页面效果如图 3-4 所示。

图 3-4　案例 3-3 效果图

"div li"就是一个后代选择器,它的作用是将"div"中所有"li"的文本设置为蓝色。

7. 子代选择器

子代选择器用来选择匹配元素的子元素,其匹配范围比后代选择器小,后代选择器是将子孙后代全部匹配,而子选择器只会匹配一级子元素。语法格式如下:

选择器 1>选择器 2 {属性 1:属性值 1; 属性 2:属性值 2; ......}

其中,选择器 2 代表标签应为选择器 1 代表标签的子元素,中间用一个">"分隔。例如:

```
div>p{
    color:blue
}
```

以上代码只会将 div 下的一级子元素 p 的字体颜色设置为蓝色。

案例 3 - 4：子代选择器的使用。

代码如下：

```
<!DOCTYPE html>
<html>
    <head>
            <meta charset = "utf-8">
            <title>子代选择器</title>
            <style type = "text/css">
                    div>ul{
                        color:blue;
                    }
            </style>
    </head>
    <body>
            <div>
                    <ul>
                        <li>项目 1</li>
                        <li>项目 2</li>
                    </ul>
                    <nav>
                        <ul>
                            <li>p 项目 1</li>
                            <li>p 项目 2</li>
                        </ul>
                    </nav>
            </div>
    </body>
</html>
```

页面效果如图 3-5 所示。

由上面的代码可以看到，只有 div 元素的第一级 ul 子元素中的字体颜色才会被设置为蓝色。

8. 通配符选择器

通配符选择器用于匹配页面中的所有元素，用星号（ * ）表示，语法格式如下：

```
* {属性 1:属性值 1; 属性 2:属性值 2; ......}
```

图 3-5 案例 3-4 效果图

例如,设置所有元素的外边距 margin 和内边距 padding 都为 0 像素,代码如下:

```
* {
margin:0px;
padding:0px;
}
```

以上是常见的重置代码,可以将页面中所有元素的外边距和内边距设置为零,当然也可以匹配指定元素下所有的子元素。代码如下:

```
.cls * {
border:1px solid #333;
}
```

以上代码能够将 class 属性值为 cls 的所有元素的边框设置为 border:1 px solid #333。

3.2  盒 子 模 型

3.2.1 初识盒子模型

盒子模型用于网页布局,它是 CSS 中的一种基础设计模式,定义了 Web 页面中的元素如何来解析。HTML 中的每一个元素都是一个盒子模型,包括<html>和<body>标签元素。盒子模型的结构如图 3-6 所示。

盒子模型中主要包括 width,height,border,background,padding,margin 等属性。

3.2.2 盒子模型常用属性

1. 内容区(width 和 height 属性)

内容区是整个盒子模型的中心,其中存放了盒子的主要内容,这些内容可以是文本、图像等资源。内容区主要有 width 属性和 height 属性,用来指定盒子内容区域的宽度和高度。

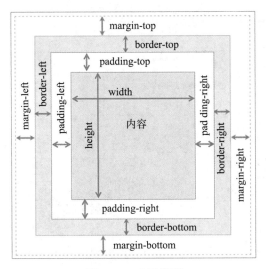

图 3-6　盒子模型

语法格式如下：

```
width: length | % ;
height: length | % ;
```

其中，length 定义一个固定的长度，单位为 px,pt,em 等；％定义一个相对于父元素百分比的长度。

案例 3-5：使用 width 和 height 属性，展示盒子模型内容区。

代码如下：

```
<!DOCTYPE html>
<html>
    <head>
            <meta charset = "utf-8">
            <title>盒子模型的内容区</title>
            <style type = "text/css">
                div{
                    background: lightgray;
                    width: 200px;
                    height: 200px;
                }
            </style>
    </head>
    <body>
            <div>盒子模型</div>
    </body>
</html>
```

运行上述代码,效果如图 3-7 所示。

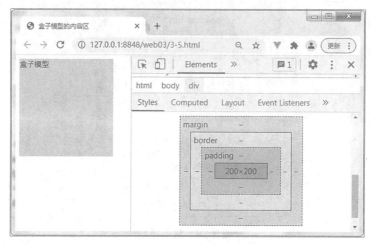

图 3-7 案例 3-5 效果图

图 3-7 中右侧盒子模型示意图是通过浏览器的调试工具查看的。打开方式:按快捷键 F12;在页面中点击鼠标右键,在弹出的菜单中选择"检查"选项。

2. 内边距(padding 属性)

padding 属性用来设置内容区和边框之间的距离,也称为内填充。语法格式如下:

```
padding:内边距值;
```

其中,内边距值可由数字和单位组成的长度值组成,不可为负值,常取像素 px 为单位。内边距值也可以是百分比,使用百分比时,边距值将随父元素宽度 width 的变化而变化。

内边距 padding 取值可有 4 种方式。

① 只设置 1 个值。例如:

```
padding: 10px;
```

上述代码表示上下左右内边距均为 10 px。

② 设置 2 个值。例如:

```
padding: 10px 20px;
```

上述代码表示上下内边距为 10 px,左右内边距为 20 px。

③ 设置 3 个值。例如:

```
padding: 10px 20px 30px;
```

上述代码表示上内边距为 10 px,左右内边距为 20 px,下内边距为 30 px。

④ 设置 4 个值,例如:

```
padding: 10px 20px 30px 40px;
```

上述代码表示上内边距为 10 px,右内边距为 20 px,下内边距为 30 px,左内边距为 40 px。

上下左右内边距也可通过 padding-top,padding-bottom,padding-left,padding-right 单独进行设置。

案例 3 - 6:使用 padding 属性,设置盒子模型内边距。

代码如下:

```
<!DOCTYPE html>
<html>
    <head>
            <meta charset = "utf-8">
            <title>盒子模型的内边距</title>
            <style type = "text/css">
                    div{
                            background: lightgray;
                            width: 200px;
                            height: 200px;
                            padding: 10px 20px 30px 40px;
                    }
            </style>
    </head>
    <body>
            <div>盒子模型</div>
    </body>
</html>
```

运行上述代码,效果如图 3-8 所示。

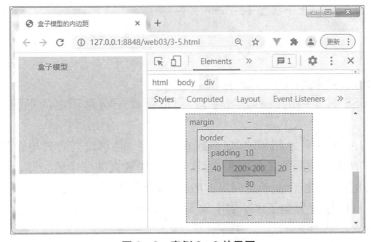

图 3-8 案例 3-6 效果图

注意： 在为盒子模型设置背景属性时，背景属性可以覆盖到内边距区域。

3. 外边距(margin 属性)

外边距 margin 属性用来设置相邻元素之间的距离，它位于盒子模型的最外围，是边框之外的空间距离。语法格式如下：

```
margin:外边距值;
```

外边距值设置、使用方法均与 padding 类似。

案例 3－7：使用 margin 属性，设置盒子模型外边距。

代码如下：

```
<!DOCTYPE html>
<html>
    <head>
            <meta charset = "utf-8">
            <title>盒子模型的外边距</title>
            <style type = "text/css">
                    div{
                            background: lightgray;
                            width: 200px;
                            height: 200px;
                            padding: 10px 20px 30px 40px;
                            margin: 20px;
                    }
            </style>
    </head>
    <body>
            <div>盒子模型 1</div>
            <div>盒子模型 2</div>
    </body>
</html>
```

运行上述代码，效果如图 3－9 所示。

外边距是 CSS 布局中的一种重要手段，可以使盒子与盒子之间不会紧凑地连接在一起。

需要注意的是，对于两个相邻的(水平或垂直方向)且都设置有外边距的盒子，它们之间的距离并不是两者外边距值相加的和，而是它们之中较大的那个值；外边距值可以设置为负值，当外边距值为负时整个盒子将向反方向移动，当到达一定程度时盒子之间会产生重叠效果；可以通过 auto 值设置盒子水平居中效果。

4. 边框(border 属性)

边框是环绕内容区和内边距区域的边界，border 系列属性用于控制元素边界所占用的

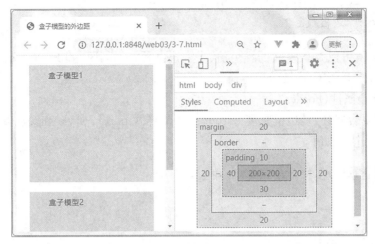

图3-9　案例3-7效果图

空间。border属性主要包含border-style,border-width,border-color,border等。

① 边框宽度(border-width)。

边框宽度用于设置元素边框的宽度值。语法格式如下：

```
border-width:边框宽度值;
```

边框宽度值设置、使用方法均与padding类似。

② 边框样式(border-style)。

边框样式用以定义边框的风格呈现样式,这个属性必须用于指定的边框。语法格式如下：

```
border-style: 边框样式;
```

边框样式常用属性如表3-1所示。

表3-1　边框样式常用属性

属　　性	含　　义
none	不显示边框,为默认属性值
dotted	点线
dashed	虚线
solid	实线
double	双实线

border-style属性使用方法与padding类似。需要注意的是,border-style属性为边框中最主要的属性,如果没有设置该属性的话,其他的边框属性也会被忽略。

③ 边框颜色(border-color)。

边框颜色用于定义边框的颜色。语法格式如下：

```
border-color:边框颜色值;
```

其中,边框颜色值可以是预定义的颜色值、十六进制♯RRGGBB 和 RGB 代码 rgb(r,g,b)3
种,其中十六进制♯RRGGBB 使用得最多。
④ 边框综合属性(border)。
border 为复合属性,是边框宽度 border-width、样式 border-style 和颜色 border-color 的
简写方式。语法格式如下:

```
border:<边框宽度>|<边框样式>|<颜色>;
```

例如:

```
border:1px solid blue;
```

上述代码表示元素的边框是 1 像素、蓝色的实线。
在复合属性中,边框属性 border 能同时设置 4 种边框。如果需要给出一边边框的宽度、
样式与颜色,可以通过 border-top,border-right,border-bottom,border-left 分别设置。
案例 3 - 8:使用 border 属性,设置盒子模型边框。
代码如下:

```
<!DOCTYPE html>
<html>
    <head>
            <meta charset = "utf-8">
            <title>盒子模型的边框</title>
            <style type = "text/css">
                    div{
                            background: lightgray;
                            width: 200px;
                            height: 200px;
                            padding: 10px 20px 30px 40px;
                            margin: 20px;
                            border: 10px dashed red;
                    }
            </style>
    </head>
    <body>
            <div>盒子模型 1</div>
            <div>盒子模型 2</div>
    </body>
</html>
```

运行上述代码,效果如图 3 - 10 所示。

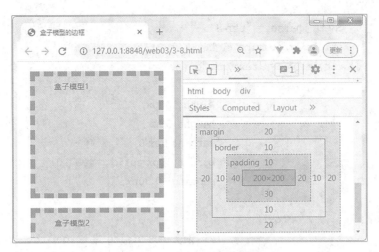

图 3-10   案例 3-8 效果图

3.2.3   盒子尺寸的计算公式

1. 盒子尺寸默认计算方式

当使用 width 和 height 属性设置元素的宽度和高度时,默认设置的是元素内容区域的宽度和高度,元素的实际宽度和高度还取决于一些其他因素。一般情况下,盒子尺寸计算(元素空间尺寸)按如下公式:

盒子总宽度=width+左右内边距之和+左右边框宽度之和+左右外边距。

盒子总高度=height+上下内边距之和+上下边框宽度之和+上下外边距。

当一个盒子的实际宽度确定之后,如果添加或者修改了边框或内边距,就会影响盒子的实际宽度。为了不影响整体布局,通常会通过调整 width 属性值来保证盒子总宽度保持不变。

2. CSS 3 新增的 box-sizing 属性

box-sizing 属性能够事先定义盒子模型的尺寸解析方式,用于设置盒子的宽度和高度是否包含元素的内边距和边框。语法格式如下:

```
box-sizing: content-box | border-box ;
```

① content-box 是默认值,盒子的宽度和高度计算方式同上。

② border-box 重新定义了盒子模型的组成模式,盒子的宽度或高度包含了元素的border、padding、内容的宽度或高度,计算方式为:

盒子总宽度=width(包含左右内边距之和+左右边框宽度之和+左右外边距)

盒子总高度=height(包含上下内边距之和+上下边框宽度之和+上下外边距)

案例 3-9:box-sizing 属性的使用。

代码如下:

```
<!DOCTYPE html>
<html>
    <head>
```

```
<meta charset = "utf-8">
<title>box-sizing 属性的使用</title>
<style type = "text/css">
        div{
                        width:500px;
                        height:50px;
                        margin: 5px 0;
                        border:10px solid #4087D0;
                        padding: 0 50px;
        }
        .box1{
                        /* 设置 box-sizing 为 border-box */
                        box-sizing: border-box;
        }
        .box2{
                        /* 设置 box-sizing 为 content-box */
                        box-sizing:content-box;
        }
</style>
    </head>
    <body>
        <div class = "box1">盒子模型 1</div>
        <div class = "box2">盒子模型 2</div>
    </body>
</html>
```

运行上述代码,效果如图 3-11 所示。

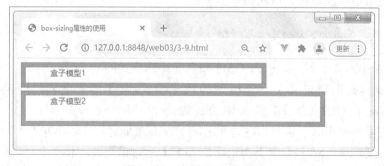

图 3-11　案例 3-9 效果图

从图 3-11 可以看出,当 box-sizing 属性设置为 border-box 时,盒子的总宽度即为 width 值 500 px;当设置为 content-box 时,盒子的总宽度为 500＋10＋50＋10＋50＝ 620(px)。

3.3　元素的类型和转换

HTML 中的标签可以看作一个个盒子,在设置这些标签的盒子属性时,会发现有些标签可以设置,有些则不可以,这是因为标签有着特定的类型,不同类型的标签可以设置的属性也不同。本节将详细讲解标签元素的类型和转换方法。

3.3.1　元素的类型

为了使页面结构的组织更加轻松、合理,HTML 将标签定义成不同的类型,分别是块元素、行内元素和行内块元素。

1. 块元素

块元素在网页中显示为矩形区域,主要用于网页布局和网页结构的搭建,具有如下特点:

① 默认情况下,独占一行,多个块元素按顺序自上而下排列。

② 可以设置其宽度、高度,内外边距。

③ 在不手动设置宽度的情况下,宽度默认为所在容器的 100%(即容器宽度)。

④ 可以容纳行内元素和其他块元素。

常见的块元素有 div,h1—h6,p,ul,ol,li 等,其中<div>标记是最典型的块元素。一般布局中的父元素都是采用块元素。

2. 行内元素

行内元素即在一行内显示的元素,常用于控制页面中文本的样式,具有如下特点:

① 不换行,多个行内元素都在一行上。

② 元素的高度、宽度、行高及顶部和底部边距不可设置。

③ 元素的宽度就是它包含的文字或图片的宽度,不可改变。

常见的行内元素有<a>,<samp>,<strong>,<b>,<em>,<i>,<del>,<s>,<ins>,<u>,<span>。其中<span>标记是最典型的行内元素。

3. 行内块元素

行内块元素同时具备行内元素、块元素的特点,从字面上来理解,就是可以在行内显示的块元素。行内块元素不会独占一行,但是可以设置 width,height,padding,margin 等属性。如果在该行内块元素后可容纳第二个元素,那么第二个元素就会与第一个元素同行显示,否则会另起一行。

常见的行内块元素有<img>,<input>。

案例 3 - 10:元素类型的使用。

代码如下:

```
<!DOCTYPE html>
<html>
    <head>
```

```
            <meta charset = "utf-8">
            <title>元素类型的使用</title>
            <style type = "text/css">
                h2,div,p,a,span{
                        width: 200px;
                        height: 50px;
                        border: 1px solid red;
                        background: lightgray;
                }
            </style>
    </head>
    <body>
            <h2>块元素 1</h2>
            <div>块元素 2</div>
            <p>块元素 3</p>
            <a href = "#">行内元素 1</a>
            <span>行内元素 2</span>
    </body>
</html>
```

运行上述代码,效果如图 3-12 所示。

图 3-12　案例 3-10 效果图

从图 3-12 可以看出块元素各占据一行,垂直方向排列。行内元素会在同一行,水平方向排列。行内元素设置 width 和 height 无效。

3.3.2　元素类型的转换

display 属性是 CSS 中最重要的属性之一,主要用来控制元素的布局,通过 display 属性可以设置元素是否显示以及如何显示。语法格式如下：

```
display:inline | block | inline-block | none;
```

其中，inline 将元素设置为行内元素；block 将元素设置为块元素；inline-block 将元素设置为行内块元素；none 将元素设置为隐藏，此时，元素不显示，也不占用页面空间，相当于该元素不存在。

　　根据元素类型的不同，每个元素都有一个默认的 display 属性值：块元素默认的 display 属性值为 block；行内元素默认的 display 属性值为 inline；行内块元素默认的 display 属性值为 inline-block。

案例 3-11:元素类型的转换。

代码如下：

```html
<!DOCTYPE html>
<html>
    <head>
            <meta charset = "utf-8">
            <title>元素类型的转换</title>
            <style type = "text/css">
                h2,div,p{
                        width: 200px;
                        height: 50px;
                        border: 1px solid red;
                        background: lightgray;
                        display: inline;
                }
                a,span{
                        width: 200px;
                        height: 50px;
                        border: 1px solid red;
                        background: lightgray;
                        margin: 10px;
                        display: block;
                }
            </style>
    </head>
    <body>
            <h2>块元素 1</h2>
            <div>块元素 2</div>
            <p>块元素 3</p>
            <a href = "#">行内元素 1</a>
            <span>行内元素 2</span>
```

```
        </body>
    </html>
```

运行上述代码,效果如图 3 - 13 所示。

图 3 - 13   案例 3 - 11 效果图

从图 3 - 13 可以看出,在将 h2,div,p 等块元素的 display 属性值设置为 inline 后,这些块元素呈现出行内元素的特征;在将 a,pan 等行内元素的 display 属性值设置为 block 后,这些行内元素呈现出行内块元素的特征。

3.4   浮动与定位

3.4.1   元素的浮动

浮动可以使一个元素脱离自己原本的位置,并在父元素的内容区中向左或向右移动,直到碰到父元素内容区的边界或者其他浮动元素为止。语法格式如下:

```
float: none | left | right;
```

其中,none 表示元素不浮动,是默认值;left 表示元素向左浮动;right 表示元素向右浮动。

案例 3 - 12:使用 float 属性实现元素浮动。

代码如下:

```
<!DOCTYPE html>
<html>
    <head>
```

```
<meta charset = "utf-8" />
<title>元素浮动</title>
<style type = "text/css">
            div{
                    height: 50px;
                    margin: 5px;
                    padding: 10px;
                    background: lightgray;
                    border: 1px solid red;
            }
            .box1{
                    width: 100px;
                    float: left;
            }
            .box2{
                    width: 200px;
            }
</style>
</head>
<body>
        <div class = "box1">内容 1</div>
        <div class = "box2">内容 2</div>
        <p>浮动可以使一个元素脱离自己原本的位置,并在父元素的内容区中向
左或向右移动,直到碰到父元素内容区的边界或者其他浮动元素为止。</p>
</body>
</html>
```

运行上述代码,效果如图 3-14 所示。

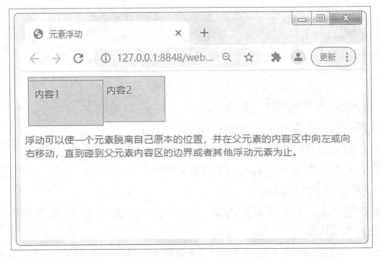

图 3-14 案例 3-12 效果图

从图 3-14 可以看出，当 box1 设置了左浮动后，将不再受文档流的控制，浮在了上面一层，而 box2 仍在文档流中，移到了 box1 空出来的位置。

继续给 box2 也设置左浮动，代码如下：

```
.box2{
    width: 200px;
    float: left;
}
```

修改后，运行代码效果如图 3-15 所示。

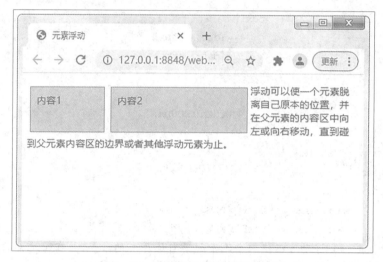

图 3-15   设置 box2 的左浮动效果图

从图 3-15 可以看出，当 box2 设置了左浮动后，也脱离了标准文档流，和 box1 整齐地排列在同一行，同时，p 段落中的文本围绕在浮动元素的右侧。

如果设置 box2 为右浮动，那么 box2 将浮动到屏幕的右侧。代码如下：

```
.box2{
    width: 200px;
    float: right;
}
```

修改后，运行代码效果如图 3-16 所示。

另外，在使用 float 属性时还需要注意以下几点：

① float 属性仅对非绝对定位的元素有效。

② 跟随浮动元素的文本或行内元素将围绕在浮动元素的另一侧，例如向左浮动的话其他元素将围绕在浮动元素的右侧。

③ 如果设置了 float 属性且属性的值不为 none，则 display 的属性值 inline 和 inline-block 实际会设置为 block。

④ 相邻的浮动元素，如果空间足够它们会紧挨在一起，排列成一行，空间不够则会排到

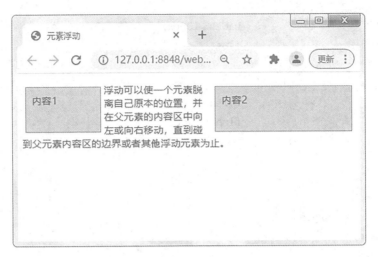

图 3-16 设置 box2 的右浮动效果图

下一行。

3.4.2 清除浮动

元素浮动之后，会对周围的元素造成一定的影响，例如图 3-15 和图 3-16 所示对段落 p 造成的影响。为了消除这种影响，可以使用 clear 属性来清除浮动。语法格式如下：

```
clear: left | right | both;
```

其中，left 用于设置左侧不允许浮动元素；right 用于设置右侧不允许浮动元素；both 用于设置左右两侧均不允许浮动元素。实际开发中常使用 both 清除两侧浮动。

案例 3-13：使用 clear 属性实现清除元素浮动。

代码如下：

```
<!DOCTYPE html>
<html>
    <head>
        <meta charset = "utf-8" />
        <title>清除浮动</title>
        <style type = "text/css">
                div{
                        height: 50px;
                        margin: 5px;
                        padding: 10px;
                        background: lightgray;
                        border: 1px solid red;
                }
                .box1{
```

```
                                        width: 100px;
                                        float: left;
                        }
                        .box2{
                                        width: 200px;
                                        float: right;
                        }
                        .con{
                                        clear: both;
                        }
            </style>
    </head>
    <body>
            <div class = "box1">内容 1</div>
            <div class = "box2">内容 2</div>
            <p class = "con">浮动可以使一个元素脱离自己原本的位置,并在父元素
的内容区中向左或向右移动,直到碰到父元素内容区的边界或者其他浮动元素为止。</p>
            </body>
    </html>
```

运行上述代码,效果如图 3 - 17 所示。

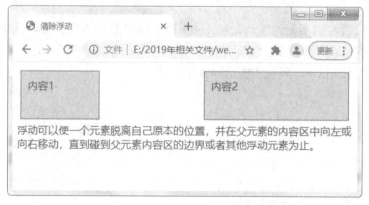

图 3 - 17　案例 3 - 13 效果图

3.4.3　元素的定位

position 是 CSS 页面布局的重要属性,可以用来设置元素的定位模式。语法格式如下:

```
position: static | relative | absolute | fixed;
```

① static 是静态定位,表示没有定位,元素会按照正常的位置显示,默认值。
② relative 是相对定位,即相对于元素的正常位置进行定位。

③ absolute 是绝对定位,相对于已经定位的父级元素进行定位。如果没有满足条件的父级元素,则会相对于浏览器窗口来进行定位。

④ fixed 是固定定位,相对于浏览器进行定位。元素设置了固定定位后,无论浏览器窗口如何滚动,元素的位置都会固定不变。

在确定了元素的定位模式后,还需要通过 top,right,bottom 和 left 属性来精确定义定位元素的位置,具体含义如表 3-2 所示。

表 3-2　位置属性

名　　称	含　　义
top	规定元素的顶部边缘。定义元素相对于其父元素上边线的距离
right	右侧偏移量,定义元素相对于其父元素右边线的距离
bottom	底部偏移量,定义元素相对于其父元素下边线的距离
left	左侧偏移量,定义元素相对于其父元素左边线的距离

1. 静态定位(static)

static 是 position 属性的默认值,可省略。在静态定位状态下,无法通过 top,right,bottom 和 left 属性来改变元素的位置。

案例 3-14:静态定位的使用。

代码如下:

```
<!DOCTYPE html>
<html>
    <head>
            <meta charset = "utf-8" />
            <title>静态定位</title>
            <style type = "text/css">
                    .con{
                            border: 1px solid red;
                            padding: 5px;
                    }
                    .con div{
                            width: 200px;
                            height: 100px;
                            background-color: #CCC;
                            border: 1px solid red;
                            margin: 5px;
                    }
                    .box{
                            line-height: 100px;
                            text-align: center;
```

```
                                    /* 设置静态定位 */
                                    position: static;
                                    top: 50px;
                                    left: 100px;
                            }
                    </style>
            </head>
            <body>
                    <div class = "con">
                            <div></div>
                            <div class = "box">静态定位</div>
                            <div></div>
                    </div>
            </body>
    </html>
```

运行上述代码,效果如图 3-18 所示。

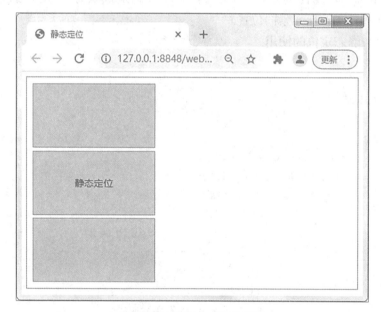

图 3-18　案例 3-14 效果图

从图 3-18 可以看出,box 的静态定位方式没有实际意义,设置的 left 和 top 值在静态模式下不起作用。

2. 相对定位(relative)

相对定位位置参照物为元素本身(在 static 状态下的位置)。

案例 3-15:相对定位的使用。

代码如下:

```html
<!DOCTYPE html>
<html>
    <head>
            <meta charset = "utf-8" />
            <title>相对定位</title>
            <style type = "text/css">
                    .con{
                            border: 1px solid red;
                            padding: 5px;
                    }
                    .con div{
                            width: 200px;
                            height: 100px;
                            background-color: #CCC;
                            border: 1px solid red;
                            margin: 5px;
                    }
                    .box{
                            line-height: 100px;
                            text-align: center;
                            /* 设置相对定位 */
                            position: relative;
                            top: 50px;
                            left: 100px;
                    }
            </style>
    </head>
    <body>
            <div class = "con">
                    <div></div>
                    <div class = "box">相对定位</div>
                    <div></div>
            </div>
    </body>
</html>
```

运行上述代码,效果如图 3 - 19 所示。

从图 3 - 19 可以看出,box 相对于原来的位置向下偏移 50 px、向右偏移 100 px,并与其他元素重叠,但原先的位置被保留。

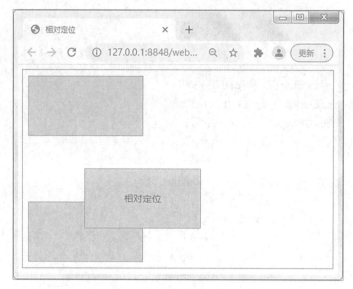

图 3 - 19　案例 3 - 15 效果图

3. 绝对定位(absolute)

绝对定位的位置参照物为已定位的父元素(父元素可以是相对定位或绝对定位),如果父元素没有定位,则位置参照物为浏览器窗口。

案例 3 - 16:绝对定位的使用。

代码如下:

```html
<!DOCTYPE html>
<html>
    <head>
        <meta charset = "utf-8" />
        <title>绝对定位</title>
        <style type = "text/css">
            .con{
                    border: 1px solid red;
                    padding: 5px;
                    /* 设置父元素为相对定位 */
                    position: relative;
            }
            .con div{
                    width: 200px;
                    height: 100px;
                    background-color: #CCC;
                    border: 1px solid red;
                    margin: 5px;
            }
            .box{
```

```
                                line-height: 100px;
                                text-align: center;
                                /* 设置绝对定位 */
                                position: absolute;
                                top: 50px;
                                left: 100px;
                        }
                </style>
        </head>
        <body>
                <div class = "con">
                        <div></div>
                        <div class = "box">绝对定位</div>
                        <div></div>
                </div>
        </body>
</html>
```

运行上述代码,效果如图 3 - 20 所示。

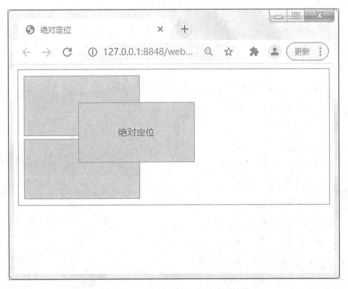

图 3 - 20　案例 3 - 16 效果图

从图 3 - 20 可以看出,使用绝对定位的元素会脱离原来的位置,不再占用网页上的空间。与相对定位相同,使用绝对定位的元素同样会与页面中的其他元素发生重叠,另外使用绝对定位的元素可以有外边距,并且外边距不会与其他元素的外边距发生重叠。

4. 固定定位(fixed)

固定定位的位置参照物是浏览器窗口,使用固定定位的元素不会因为浏览器窗口的滚动而移动,就像固定在页面上一样。

案例 3 - 17:固定定位的使用。

代码如下:

```
<!DOCTYPE html>
<html>
    <head>
        <meta charset = "utf-8" />
        <title>固定定位</title>
        <style type = "text/css">
                .box{
                        width: 100px;
                        height: 100px;
                        background-color: #CCC;
                        border: 1px solid red;
                        line-height: 100px;
                        text-align: center;
                        position: fixed;
                        top: 10px;
                        right: 10px;
                }
        </style>
    </head>
    <body>
        <div class = "box">固定定位</div>
        <p>网页内容</p>
        <p>网页内容</p>
        <p>网页内容</p>
        <p>网页内容</p>
        <p>网页内容</p>
        <p>网页内容</p>
        <p>网页内容</p>
        <p>网页内容</p>
        <p>网页内容</p>
        ...
    </body>
</html>
```

运行上述代码,效果如图 3 - 21 所示。

5. z-index 属性

当多个元素同时设置定位时,定位元素之间可能发生重叠,z-index 属性可调整重叠定位元素的堆叠顺序。语法格式如下:

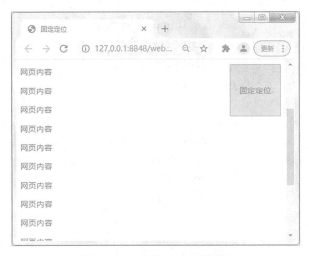

图 3–21　案例 3–17 效果图

```
z-index: 整数值;
```

其中,整数值可为正整数、负整数和零,值高的元素会处于层叠级别较低的元素的前面(或者说上面)。

案例 3–18:z-index 属性的使用。

代码如下:

```
<!DOCTYPE html>
<html>
    <head>
            <meta charset = "utf-8">
            <title>z-index 的使用</title>
            <style>
                    div {
                            width: 300px;
                            height: 100px;
                            line-height: 100px;
                            border: 1px solid red;
                            background-color: #ccc;
                    }
                    .box1 {
                            position: absolute;
                            top: 5px;
                            left: 5px;
                            z-index: 2;
                    }
                    .box2 {
```

```
                          position: relative;
                          top: 30px;
                          left: 80px;
                          z-index: 3;
                     }
                 .box3 {
                          position: relative;
                          top: -10px;
                          left: 20px;
                          z-index: 1;
                     }
        </style>
    </head>
    <body>
        <div class = "box1">区域 1</div>
        <div class = "box2">区域 2</div>
        <div class = "box3">区域 3</div>
    </body>
</html>
```

运行上述代码,效果如图 3-22 所示。

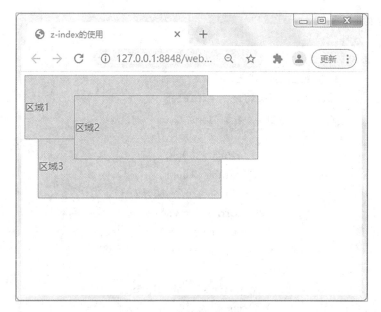

图 3-22　案例 3-18 效果图

注意:z-index 属性仅在元素定义了 position 属性且属性值不为 static 时才有效。

3.4.4　元素内容溢出

在 CSS 元素中,当内容信息过多,超出内容区所设置的范围时,内容就会溢出。overflow 属性可以规范溢出内容的显示方式。语法格式如下:

```
overflow: visible | hidden | auto | scroll;
```

其中,visible 表示显示溢出的部分(溢出的部分将显示在盒子外部),默认值;hidden 表示隐藏溢出的部分;scroll 表示为内容区添加一个滚动条,可以通过滑动这个滚动条来查看内容区的全部内容;auto 表示由浏览器决定如何处理溢出部分。

案例 3 - 19:overflow 属性的使用。

代码如下:

```
<!DOCTYPE html>
<html>
    <head>
            <meta charset = "utf-8" />
            <title>overflow 属性的使用</title>
            <style type = "text/css">
                        div{
                                width: 400px;
                                height: 50px;
                                margin:5px;
                                padding: 10px;
                                border: 1px solid red;
                                /* 溢出内容在元素框之外,但可以显示 */
                                overflow: visible;
                        }
            </style>
    </head>
    <body>
            <div>其中,visible 表示显示溢出的部分(溢出的部分将显示在盒子外
部),默认值;hidden 表示隐藏溢出的部分;scroll 表示为内容区添加一个滚动条,可以通过滑
动这个滚动条来查看内容区的全部内容;auto 表示由浏览器决定如何处理溢出部分。</div>
    </body>
</html>
```

运行上述代码,效果如图 3 - 23 所示。

如果将上述代码中的“overflow: visible;”修改为“overflow: hidden;”,则可以实现将溢出部分隐藏。效果如图 3 - 24 所示。

如果将上述代码中的“overflow: visible;”修改为“overflow: scroll;”,则会在元素边框右侧和下面出现滚动条,拖动即可查看溢出内容。效果如图 3 - 25 所示。

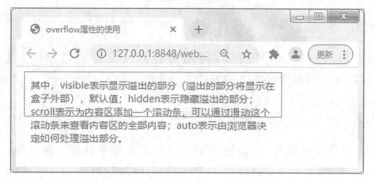

图 3‑23　案例 3‑19 效果图

图 3‑24　内容隐藏效果图

图 3‑25　滚动条效果图

项目 实现

　　在学习完网页布局和定位相关知识后,小李决定动手尝试将上一节搭建好的学院官网首页进行布局和定位。

　　1. 新建 CSS 样式表文件并应用到 index. html 文档中

　　考虑到需要引入 CSS 的内容较多,小李决定采用外链式的方式对每一模块内容进行单独引入。首先,在此项目的 css 文件夹下新建 5 个 css 文件:base. css,header. css,

banner. css, main. css 和 footer. css。然后打开 index. html 文档, 在<head>标签中引入 css
文件。代码如下:

```
<head>
        <meta charset = "utf-8" />
        <title>校园官网</title>
        <link rel = "stylesheet" href = "css/base.css">
        <link rel = "stylesheet" href = "css/header.css">
        <link rel = "stylesheet" href = "css/banner.css">
        <link rel = "stylesheet" href = "css/main.css">
        <link rel = "stylesheet" href = "css/footer.css">
</head>
```

2. 公共样式设置

在对每一块的内容进行 CSS 布局之前, 应首先书写公共样式。打开 base. css 文件, 在
文件中书写公共的样式信息, 主要包括清除内外边距、清除列表默认样式、清除超链接默认
下划线, 设置页面版心居中等。代码如下:

```
/* 清除内外边距 */
* {
    margin: 0;
    padding: 0;
}
/* 清除列表默认样式 */
ul {
    list-style: none;
}
/* 清除超链接默认下划线 */
a {
    text-decoration: none;
}
/* 设置页面版心居中 */
.center {
    width: 1200px;
    margin: 0 auto;
}
```

3. 头部布局与定位

在 header. css 文件中, 主要是对头部导航栏模块进行布局和定位。

区域一主要包括左侧导航栏和右侧搜索栏(其中搜索栏表单的结构和样式属性将在后
续的项目中介绍), 设置相应高度与宽度后采用左右浮动, 而导航内部每一个无序列表也设
置为左浮动。代码如下:

```css
/* 左侧导航栏 */
.header_top {
    width: 100%;
    height: 40px;
}
.header_top .center {
    height: 40px;
}
.header_top nav {
    float: left;
    width: 68%;
    height: 100%;
}
.header_top ul {
    width: 100%;
    height: 100%;
    float: left;
}
.header_top ul li {
    float: left;
    height: 100%;
}
/* 右侧搜索栏 */
.header_top .search {
    float: right;
    width: 32%;
    height: 100%;
    line-height: 40px;
}
.header_top .search form {
    float: right;
}
.header_top .search input {
    padding: 0 15px;
    width: 200px;
    height: 30px;
    line-height: 30px;
}
```

区域二包含了学校标识和校训文字,设置相应的高度和宽度,采用绝对定位的方式将三张图片定位到相应的位置。代码如下:

```
.header_middle {
    width: 100 % ;
    height: 80px;
}
.header_middle .center {
    height: 100 % ;
    position: relative;
}
.center .logo {
    position: absolute;
    width: 59px;
    height: 59px;
    top: 11px;
    left: 0px;
}
.center .wenzi {
    position: absolute;
    width: 366px;
    height: 80px;
    top: 0px;
    left: 70px;
}
.center .xiaoxun {
    position: absolute;
    width: 394px;
    height: 32px;
    top: 24px;
    right: 0px;
}
```

最后是区域三的导航栏,设置相应的高度与宽度,对每个子内容设置浮动。代码如下:

```
.header_bottom {
    width: 100 % ;
    height: 46px;
}
.header_bottom nav {
    height: 100 % ;
}
.header_bottom nav ul li {
    width: 100px;
    height: 100 % ;
```

```
    float: left;
}
```

运行上述代码，效果如图 3-26 所示。

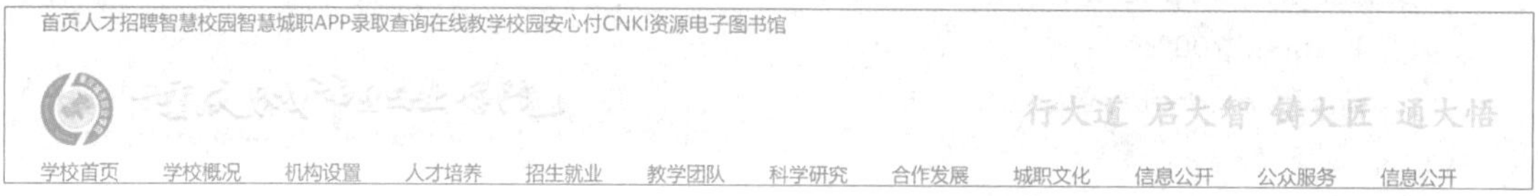

首页人才招聘智慧校园智慧城职APP录取查询在线教学校园安心付CNKI资源电子图书馆
行大道 启大智 铸大匠 通大悟
学校首页 学校概况 机构设置 人才培养 招生就业 教学团队 科学研究 合作发展 城职文化 信息公开 公众服务 信息公开

图 3-26 头部布局与定位效果图

4. banner 布局与定位

操作 banner.css 文件，对 banner 区域进行样式设置，将图片大小设置为页面的 100%，并对其父标签设置溢出隐藏。代码如下：

```
.banner {
    width: 100%;
    height: 460px;
    overflow: hidden;   /* 溢出隐藏 */
    margin: 0 auto;
}
.bananer-content img {
    width: 100%;
    height: 100%;
}
```

运行上述代码，效果如图 3-27 所示。

学校首页 学校概况 机构设置 人才培养 招生就业 教学团队 科学研究 合作发展 城职文化 信息公开 公众服务 信息公开
重庆城市职业学院老校区鸟瞰图

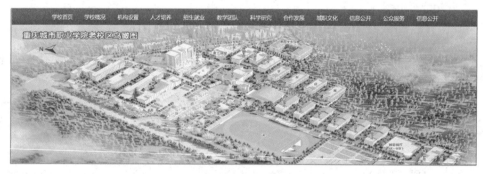

图 3-27 banner 布局与定位效果图

5. 主要内容布局与定位

操作 main.css 文件，对主要内容模块进行布局，该模块分为上下两个板块。

上半部分区域布局代码如下：

```
main .center {
    margin-top: 50px;
}
main .main_top {
    width: 100%;
    height: 400px;
    margin-bottom: 50px;
}
/* 左侧内容 */
main .main_top .main_top_left {
    float: left;
    width: 60%;
    height: 100%;
}
main .main_top .main_top_left .head {
    width: 100%;
    height: 60px;
    padding: 10px 0;
    border-bottom: 3px solid #012269;
    margin-bottom: 10px;
}
main .main_top .main_top_left .body li {
    width: 100%;
    height: 55px;
    margin-bottom: 7px;
}
main .main_top .main_top_left .body li span {
    float: left;
    margin-left: 20px;
    width: 70px;
    height: 55px;
}
main .main_top .main_top_left .body li p {
    float: left;
    margin-left: 50px;
    width: 550px;
    height: 100%;
}
/* 右侧内容 */
main .main_top .main_top_right {
    float: right;
    width: 35%;
```

```
        height: 100%;
    }
main .main_top .main_top_right .head {
        width: 100%;
        height: 60px;
        padding: 10px 0;
        border-bottom: 3px solid #012269;
        margin-bottom: 10px;
    }
main .main_top .main_top_right .body li {
        position: relative;
        padding-left: 15px;
        height: 55px;
        margin-bottom: 7px;
    }
```

运行上述代码,效果如图 3-28 所示。

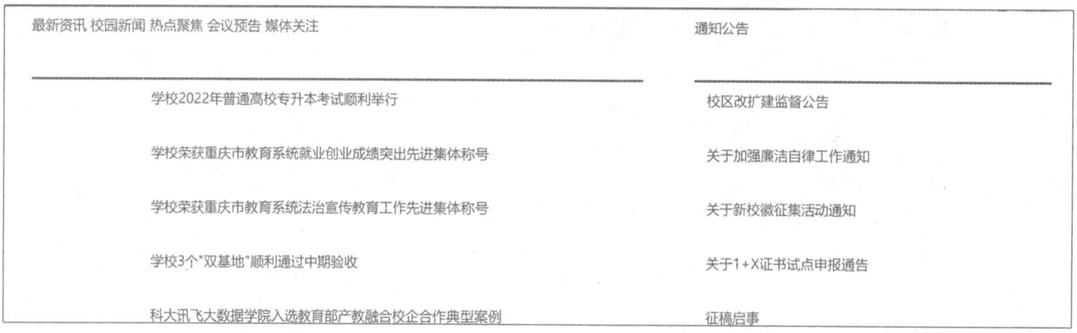

最新资讯 校园新闻 热点聚焦 会议预告 媒体关注	通知公告
学校2022年普通高校专升本考试顺利举行	校区改扩建监督公告
学校荣获重庆市教育系统就业创业成绩突出先进集体称号	关于加强廉洁自律工作通知
学校荣获重庆市教育系统法治宣传教育工作先进集体称号	关于新校徽征集活动通知
学校3个"双基地"顺利通过中期验收	关于1+X证书试点申报通告
科大讯飞大数据学院入选教育部产教融合校企合作典型案例	征稿启事

图 3-28　主要内容上半部分效果图

接下来是主要内容模块下半部分区域布局,实现方式和上半部分相似。代码如下:

```
main .main_bottom {
    width: 100%;
    height: 400px;
}
/* 左侧内容模块 */
main .main_bottom .main_bottom_left {
    float: left;
    width: 60%;
    height: 100%;
}
```

```
main .main_bottom .main_bottom_left .head {
    width: 100%;
    height: 60px;
    padding: 10px 0;
    border-bottom: 3px solid #012269;
    margin-bottom: 10px;
}
main .main_bottom .main_bottom_left .body {
    box-sizing: border-box;
    width: 100%;
    height: 300px;
    padding: 20px;
    overflow: hidden;
}
main .main_bottom .main_bottom_left .body img {
    width: 100%;
    height: 100%;
}
/* 右侧 */
main .main_bottom .main_bottom_right {
    float: right;
    width: 35%;
    height: 100%;
}
main .main_bottom .main_bottom_right {
    float: right;
    width: 35%;
    height: 100%;
}
main .main_bottom .main_bottom_right .head {
    width: 100%;
    height: 60px;
    padding: 10px 0;
    border-bottom: 3px solid #012269;
    margin-bottom: 10px;
}
main .main_bottom .main_bottom_right .body li {
    position: relative;
    padding-left: 15px;
    height: 55px;
    margin-bottom: 7px;
}
```

运行上述代码，效果如图 3-29 所示。

图 3-29　主要内容下半部分效果图

6. 尾部布局与定位

操作 footer. css 文件，对尾部模块内容进行布局，分为区域一、区域二和区域三 3 个部分。
对于区域一部分，实现代码如下：

```
footer {
    width: 100 % ;
    height: 215px;
}
footer .nav {
    margin-top: 10px;
    width: 100 % ;
    height: 25px;
    padding: 12px 0;
    color: white;
    border-bottom: 1px solid white;
}
footer .nav .nav_left {
    float: left;
}
footer .nav .nav_right {
    float: right;
}
footer .nav .nav_right span {
    margin-left: 30px;
    border-left: 5px solid red;
    padding-left: 10px;
}
```

对于区域二部分，实现代码如下：

```
footer .body {
    margin-top: 10px;
    width: 100%;
    height: 120px;
}
footer .body .footer_logo {
    width: 25%;
    height: 100%;
    float: left;
}
footer .body .footer_logo img {
    margin-top: 30px;
}
footer .body .address {
    width: 35%;
    height: 100%;
    float: left;
    box-sizing: border-box;
    padding: 10px 20px 10px 20px;
    border-left: 1px solid white;
}
footer .body .erweima {
    width: 40%;
    height: 100%;
    float: left;
}
footer .body .erweima div {
    float: left;
    width: 120px;
    height: 120px;
}
footer .body .erweima div p {
    width: 100px;
    height: 20px;
}
```

对于区域三部分,实现代码如下:

```
footer .last {
    margin-top: 5px;
}
footer .last img {
```

```
        width: 15px;
        height: 15px;
        margin: 0 10px;
    }
```

运行上述代码,效果如图 3－30 所示。

国家教育部　重庆市教委　重庆高职高专教育网　中国高校之窗　CNKI资源

地址：重庆市永川区兴龙大道1099号
招生热线: 023-49578000 49579000 023-49578033
023-49578033(传真)
电子信箱：info@cqcvc.edu.cn
邮编：402160

学院官方微信　校团委官方微　学院官方抖音　城职新青年抖音

备案号: 渝ICP备16003649号-2　　渝公网安备 50011802010334号 重庆城市职业学院 版权所有 © 2016 支持IPV6网站设计：赛门仕博

图 3－30　尾部布局与定位效果图

项目 拓展

根据效果图 3－31,在项目二"项目拓展"的基础上,使用 CSS 3 实现学院网站二级页面"校园新闻"的布局结构。

从图中可分析,校园新闻页面与官网首页具有相同的头部模块和尾部模块布局样式。代码可参考官网首页项目实现部分。

首先在此项目的 css 文件夹下新建 4 个 css 文件：base. css,header. css,xinwen. css 和footer. css。

然后打开 index. html 文档,在<head>标签中引入 css 文件。代码如下：

```
<head>
        <meta charset = "utf-8" />
        <title>新闻页面</title>
        <link rel = "stylesheet" href = "css/base.css">
        <link rel = "stylesheet" href = "css/header.css">
        <link rel = "stylesheet" href = "css/xinwen.css">
        <link rel = "stylesheet" href = "css/footer.css">
</head>
```

其中,base. css,header. css 和 footer. css 文件的样式代码与官网首页相同。下面介绍主要内容区域的样式布局。

在主要内容区域一,设置图片的高度、宽度,可以通过定位的方式实现文字区域的布局。代码如下：

图 3-31　校园新闻效果图

```
.main_top {
    position: relative;
    width: 100 % ;
    height: 270px;
}
.main_top img {
    width: 100 % ;
    height: 100 % ;
}
```

```
.main_top .box {
    position: absolute;
    top: 80px;
    left: 50px;
    width: 450px;
    height: 125px;
}
.main_top .box h1 {
    margin: 30px 0 10px 20px;
}
.main_top .box span {
    margin-left: 20px;
}
```

运行上述代码,效果如图 3 - 32 所示。

图 3 - 32　主要内容区域一效果图

主要内容区域二可分为左侧新闻内容区域和右侧导航栏区域,可以通过浮动和定位的方式实现布局。代码如下:

```
.main_top .box span {
    margin-left: 20px;
}
.main_middle {
    width: 1150px;
    height: 800px;
    margin: 20px auto;
}
.main_middle .main_middle_left {
    float: left;
    width: 70 % ;
    height: 100 % ;
}
.main_middle .main_middle_left .content {
```

```
        position: relative;
        width: 100%;
        height: 200px;
    }
    .main_middle_left .content div {
        width: 30%;
        height: 140px;
        transform: translateY(30px);
    }
    .main_middle_left .content div img {
        width: 100%;
        height: 100%;
    }
    .main_middle_left .content p {
        position: absolute;
        top: 30px;
        left: 32%;
        width: 60%;
        font-size: 18px;
    }
    .main_middle_left .content span {
        position: absolute;
        top: 70px;
        left: 32%;
    }
    .main_middle .main_middle_right {
        float: right;
        width: 15%;
        height: 330px;
    }
    .main_middle .main_middle_right h1 {
        width: 100%;
        height: 50px;
    }
    .main_middle .main_middle_right ul {
        width: 100%;
        height: 270px;
    }
    .main_middle .main_middle_right ul li {
        width: 100%;
        height: 45px;
    }
```

运行上述代码,效果如图 3 - 33 所示。

图 3 - 33　主要内容区域二效果图

主要内容区域三可以通过浮动的方式实现布局。代码如下:

```
main .main_bottom {
    position: relative;
    width: 100%;
    height: 100px;
}
.main_bottom ul {
    position: absolute;
    top: 50%;
    left: 50%;
    transform: translate(-50%,-50%);
    width: 294px;
    height: 32px;
}
.main_bottom ul li {
    width: 30px;
    height: 30px;
    float: left;
    margin-right: 10px;
    border: 1px solid black;
}
```

运行上述代码,效果如图 3 - 34 所示。

图 3 - 34　主要内容区域三效果图

整个新闻页面完整的布局效果图如图 3 - 35 所示。

图 3 - 35　新闻页面布局效果图

项目 小结

本项目介绍了 CSS 3 的基本知识,讲解了盒子模型,以及浮动定位、绝对定位、相对定位的基本概念,讲解了网页布局的方法。最后通过对实例的学习,利用所学知识进行网页布局。

项目 训练

在项目二"项目训练"的基础上,分析信息与智能制造学院网站主页的页面布局(图 3 - 36),编写 CSS 3 代码,完成该主页的布局和定位。

图 3 - 36 信息与智能制造学院网站主页布局效果图

美化学院官网首页 //

教学 目标

能力目标	(1) 能编写关于字体和文本的 CSS 样式； (2) 能编写超链接样式和列表样式； (3) 能编写各类背景样式； (4) 能根据网页页面效果，完成页面美化
知识目标	掌握边框属性、字体和文本、背景属性、渐变属性等
思政与育人目标	(1) 通过新增 CSS 3 属性讲解，教育学生不能故步自封，要与时俱进； (2) 通过讲解背景图片的获取方式，引导学生遵守国家法律法规，做一个守法的好公民； (3) 通过渐变属性讲解，引导学生深度思考，透过现象看本质

项目 描述

现在小李完成了页面布局，网站首页已经初步成型。但网页界面并不美观，因此小李需要继续学习关于文本、超链接、列表、图片、背景等 CSS 3 样式设置，编写 CSS 3 代码使页面更加美观。

本任务的具体要求如下：使用 CSS 3 技术美化网页界面。

知识 准备

4.1 文本样式设置

4.1.1 字体属性

字体样式是网页设计中的重要组成部分，合适的字体不仅会使页面更加美观，也可以提升用户体验。CSS 中提供了一系列用于设置文本字体样式的属性，比如更改字体、控制字体大小和粗细等。常用属性如下：

  font-family：设置字体。

  font-style：设置字体的风格，例如倾斜、斜体等。

  font-weight：设置字体粗细。

  font-size：设置字体尺寸。

  font-variant：将小写字母转换为小型大写字母。

  font：字体复合属性，可以在一个声明中设置多个字体属性。

1. font-family 属性

font-family 属性用来设置元素内文本的字体。字体的种类成千上万，为了最大程度保证设置的字体能够正常显示，可以通过 font-family 属性定义一个由若干字体名称组成的列表。语法格式如下：

```
font-family: "字体 1","字体 2","字体 3",...;
```

浏览器会首先尝试列表中的第一个字体，如果浏览器不支持第一个字体，会采用第二个字体；前两个字体都不支持，则采用第三个字体，以此类推。如果浏览器不支持定义的所有字体，则会采用系统的默认字体。

> **注意：** ① 中文字体需要加英文状态下的引号，各字体之间必须使用英文状态下的逗号隔开。②英文字体一般不需要加引号。当需要设置英文字体时，英文字体名必须位于中文字体名之前。③如果字体名中包含空格、♯、＄等符号，则该字体必须加英文状态下的单引号或者双引号。

2. font-style 属性

font-style 属性用来设置字体的样式，例如斜体、倾斜等。语法格式如下：

```
font-style:normal | italic | oblique;
```

其中，normal 为默认值，文本以正常字体显示；italic 设置文本斜体显示；oblique 设置文本倾斜显示。

> **注意：** italic 显示是字体的斜体版本，而 oblique 显示的只是一个倾斜的普通字体。

3. font-weight 属性

font-weight 属性能够设置字体的粗细。语法格式如下：

```
font-weight:normal | bold | bolder | lighter | number;
```

normal：标准字体，是默认值。

bold：粗体字体。

bolder：更粗的字体。

lighter：更细的字体。

number:100,200,300,400,500,600,700,800,900 由细到粗设置字体粗细,100 为最细的字体,400 等同于 normal,700 等同于 bold。

4. font-size 属性

font-size 属性用来设置字体的大小(字号)。语法格式如下:

font-size:大小取值;

font-size 属性的可选值如表 4 - 1 所示。

表 4 - 1 font-size 属性的可选值

可选值	描 述
xx-small, x-small, small, medium, large, x-large, xx-large	以关键字的形式把字体设置为不同的大小,从 xx-small 到 xx-large 依次变大,默认值为 medium
smaller	为字体设置一个比父元素更小的尺寸
larger	为字体设置一个比父元素更大的尺寸
length	以数值加单位的形式把字体设置为一个固定尺寸,例如 18 px,2 em
%	以百分比的形式为字体设置一个相对于父元素字体的大小

案例 4 - 1:字体属性的使用。

代码如下:

```
<!DOCTYPE html>
<html>
    <head>
        <meta charset = "utf-8" />
        <title>字体属性的使用</title>
        <style type = "text/css">
            .title{
                font-family: "微软雅黑";
                font-size: 25px;
                font-style: italic;
            }
            .con{
                font-family: "黑体";
                font-size: 14px;
                font-weight: bold;
            }
        </style>
    </head>
    <body>
```

```
<h2 class = "title">学院简介</h2>
<p class = "con">学校地处成渝地区双城经济圈"桥头堡"、西部职教基地、重庆
永川国家级高新区、大数据产业园核心地段,坐拥观音山公园和凤凰湖公园,是一所建在高新
园区和都市公园里的大学。学校占地 912 亩,校舍建筑面积 30 万平方米,现有全日制在校学
生 10000 余人。建有 1 个市级高技能人才培训基地、1 个区域智能制造公共实训中心、2 个世
界技能大赛重庆市选拔集训基地,1 个市级虚拟仿真实训基地、1 个市级高校工程中心、1 个市
级应用技术推广中心等校内实践基地,教学科研仪器设备值近 1 亿元,馆藏图书 150 万册(含
电子图书),建成资源丰富、高效便捷的"智慧城职"一站式信息化服务平台。</p>
    </body>
</html>
```

运行上述代码,页面效果如图 4 - 1 所示。

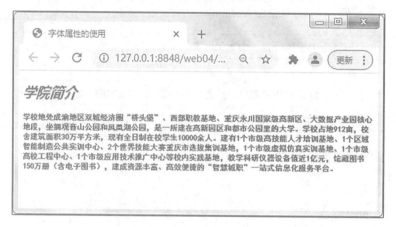

图 4 - 1   案例 4 - 1 效果图

4.1.2   文本属性

通过 CSS 中的文本属性可以像操作 Word 文档那样定义网页中文本的字符间距、对齐方式、缩进等。CSS 中常用的文本属性如下:

text-align:设置文本的水平对齐方式。

text-decoration:设置文本的装饰。

text-transform:设置文本中英文的大小写转换方式。

text-indent:设置文本的缩进方式。

line-height:设置行高。

color:设置文本颜色。

1. text-align 属性

text-align 属性用来设置元素中文本的水平对齐方式。语法格式如下:

```
text-align:left | right | center | justify;
```

其中，left 为默认值，设置文本左对齐；right 设置文本右对齐；center 设置文本居中对齐；justify 设置文本两端对齐。

当 text-align 设置为 justify 时，将拉伸每一行文本（增加字符之间的间距），以使每行文本具有相同的宽度（最后一行除外）。这种对齐方式通常用于出版物，例如杂志和报纸。需要特别注意的是，如果元素中的文本不足一行，是无法实现两端对齐的（默认会以左对齐的效果显示）。只有当元素中的文本足够长，并且在元素中发生了自动换行时，才会将除最后一行以外的文本实现两端对齐。

2．text-decoration 属性

text-decoration 属性用于设置或删除文本的装饰。语法格式如下：

```
text-decoration:none | underline | overline | line-through ;
```

none：默认值，标准文本，没有额外装饰，可以用来删除已有的文本装饰。

underline：在文本下方添加一条下划线。

overline：在文本上方添加一条上划线。

line-through：在文本的中间定义一条横向贯穿文本的线（类似删除线）。

text-decoration 属性最常用的做法就是使用 none 值来删除<a>标签的默认下划线，也可以使用 text-decoration 属性在需要的地方为元素中的文本添加一些装饰，达到突出显示的效果，一般不用。

3．text-transform 属性

text-transform 属性用来控制文本中英文字母的大小写，通过该属性可以在不修改原文的基础上，将文本中的英文统一更改为小写字母、大写字母或者首字母大写的形式。语法格式如下：

```
text-transform: none | capitalize | uppercase | lowercase;
```

其中，none 是默认值，以原文显示，对文本中的英文不作更改；capitalize 将文本中的每个单词更改为以大写字母开头的形式；uppercase 将文本中的英文字母全部更改为大写；lowercase 将文本中的英文字母全部更改为小写。

4．text-indent 属性

text-indent 属性用来为元素中的文本添加首行缩进的效果。语法格式如下：

```
text-indent: length | % ;
```

其中，length 以固定的值加单位的形式（例如 2em）定义缩进距离，默认值为 0；％以基于父元素宽度的百分比来定义缩进距离。

注意：不论是使用具体的值还是使用百分比的形式，都可以设置为负值，但这么做可能会造成文本内容溢出元素区域。

5. line-height 属性

line-height 属性用来设置文本的行高。语法格式如下：

```
line-height:normal | number | length | % ;
```

其中，normal 是默认值，使用默认的行高，不对行高进行额外设置；number 以具体的数字设置行高，这个数字会与当前的字体大小相乘，并将得到的值设置为行高；length 以数字加单位的形式设置固定的行高，通常使用像素(px)为单位；%以百分比的形式设置基于当前字体尺寸百分比的行高。

使用 line-height 属性设置和元素 height 属性一样的值，可实现元素单行内容垂直居中效果。

6. color 属性

color 属性用来表示文本的颜色。其语法格式如下：

```
color:颜色代码
```

颜色取值有以下三种方式：

① 颜色关键字，如 red,blue,green,yellow 等。

② 十六进制，例如♯FF0000。

③ RGB 代码，其中，rgb(x,x,x)中 x 是基于 0~255 的整数，例如 rgb(255,0,0)表示红色；rgb(y%,y%,y%)中，y 是一个 0~100 的整数，例如 rgb(100%,0%,0%)表示红色，当值为 0 时百分号不能省略。

案例 4-2:文本属性的使用。

修改案例 4-1 的 CSS 代码如下：

```
<style type = "text/css">
    .title{
            font-family: "微软雅黑";
            font-size: 25px;
            text-align: center;
    }
    .con{
            font-size: 16px;
            text-align: justify;
            text-indent: 2em;
            line-height: 30px;
            color: ♯333;
    }
</style>
```

运行代码，页面效果如图 4-2 所示。

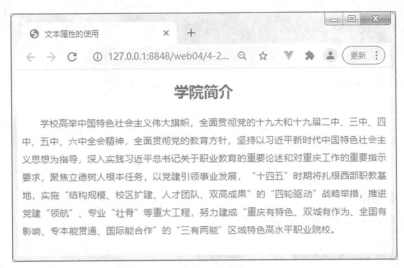

图 4-2　案例 4-2 效果图

4.1.3　CSS 3 新增文本属性

以前如果设置文字的阴影效果，一般需要其他工具，比如使用 Photoshop 制作相应的图片，单纯使用 CSS 很难实现，现在 CSS 3 提供了 text-shadow 属性，能够方便实现阴影效果。语法格式有以下两种：

```
text-shadow：颜色 水平阴影值 垂直阴影值 模糊半径;
text-shadow：水平阴影值 垂直阴影值 模糊半径 颜色;
```

其中，颜色表示阴影的颜色值，可以在最前面也可以在最后面；水平阴影值表示水平方向的偏移量，单位是 px；垂直阴影值表示垂直方向的偏移量，单位是 px；模糊半径表示阴影的影响范围，不能为负值，值越大越模糊。

1. 水平偏移量

水平偏移量用于设置水平阴影距离。例如：

```
CSS 代码
<style type = "text/css">
div{
    text-shadow:green 5px 0px 0px;
    font-size:80px;
}
</style>


HTML 代码
```

```
<body>
<div>CSS 3 文字阴影</div>
</body>
```

以上代码可以将文字的水平偏移量设置为 5 px,效果如图 4 - 3 所示。

CSS3文字阴影

图 4 - 3　设置水平阴影距离

2. 垂直偏移量

垂直偏移量用于设置垂直阴影距离。例如:

```
text-shadow:green 0px 5px 0px;
```

修改上述代码,将文字的垂直偏移量设置为 5 px,效果如图 4 - 4 所示。

CSS3文字阴影

图 4 - 4　设置垂直阴影距离

案例 4 - 3:text-shadow 属性的使用。

代码如下:

```
<!DOCTYPE html>
<html>
    <head>
            <meta charset = "utf-8">
            <title>text-shadow 属性的使用</title>
            <style type = "text/css">
                        div{
                                text-shadow: 8px 7px 5px green;
                                font-size: 80px;
                        }
            </style>
    </head>
    <body>
            <div>
                        CSS 3 文字阴影
            </div>
    </body>
</html>
```

运行上述代码,页面效果如图4-5所示。

图4-5 案例4-3效果图

 超链接和列表样式设置

4.2.1 超链接样式设置

超链接是网站的重要组成部分,几乎每个网页上都有超链接,合理设计超链接样式能使网页更加美观。超链接有4种不同的状态,分别是link,visited,hover和active。可以通过以下伪类选择器为超链接的4种状态设置不同的样式:

:link:定义普通或未访问链接的样式;

:visited:定义已经访问过链接的样式;

:hover:定义当鼠标经过链接或悬停在链接上时的样式;

:active:定义点击链接时的样式。

> **注意**:在定义4个伪类选择器时需要按照一定的顺序,一般情况下,"hover"必须位于":link"和":visited"之后,":active"必须位于":hover"之后。

案例4-4:超链接样式的使用。

代码如下:

```
<!DOCTYPE html>
<html>
    <head>
        <meta charset = "utf-8">
        <title>超链接样式</title>
        <style>
            a {
                text-decoration: none;
```

```
                    }
                    /* 定义未访问的超链接设置样式 */
                    a:link {
                            font-size: 18px;
                            padding: 5px;
                            margin-left: 10px;
                            color: black;
                    }
                    /* 定义已经访问过的超链接样式 */
                    a:visited {
                            color: #999;
                    }
                    /* 定义当鼠标经过超链接或悬停在超链接上时的样式 */
                    a:hover {
                            border: 1px solid black;
                            color: black;
                    }
                    /* 定义点击超链接时的样式 */
                    a:active {
                            background: #000;
                            border: 1px solid black;
                            color: white;
                    }
            </style>
        </head>
        <body>
            <a href = "#">百度网</a>
            <a href = "#">学校官网</a>
        </body>
    </html>
```

运行上述代码,超链接按 a:link 设置的样式显示,页面效果如图 4 - 6 所示。

图 4 - 6 案例 4 - 4 效果图

当鼠标点击过超链接后,超链接按 a:visited 设置的样式显示为灰色,如图 4-7 所示。

图 4-7　超链接访问后显示效果

当鼠标经过超链接或悬停在超链接上时,文本颜色变为黑色,且添加边框效果,如图 4-8 所示。

图 4-8　鼠标经过超链接时显示效果

当鼠标点击超链接时,文本背景变为黑色,文本颜色变为白色,如图 4-9 所示。

图 4-9　鼠标点击超链接不动时显示效果

在实际开发中,通常只需要使用 a:link,a:visited,a:hover 定义超链接样式,并且常对 a:link 和 a:visited 使用相同的样式,使未访问和访问后的超链接样式保持一致。

4.2.2　列表样式设置

在网页中很多地方都会用到列表,例如导航菜单、新闻列表、商品分类等。除了可以使用 HTML 中的一些属性来对列表进行简单的设置外,在 CSS 中也提供了几种专门用来设置和格式化列表的属性,例如 list-style-type,list-style-position,list-style-image, list-style。

1. list-style-type 属性

list-style-type 属性用来设置列表中每个列表项前标记的样式。语法格式如下:

```
list-style-type:可选值;
```

其常用的属性值如表 4 - 2 所示。

表 4 - 2　list-style-type 常用的属性值

可选值	描　　述
none	无标记
disc	默认值,标记为实心圆
circle	将标记设置为空心圆
square	将标记设置为实心方块
decimal	将标记设置为数字
decimal-leading-zero	将标记设置为以 0 开头的数字标记,例如 01,02,03
lower-roman	将标记设置为小写罗马数字,例如 i,ii,iii,iv,v
upper-roman	将标记设置为大写罗马数字,例如 I,II,III,IV,V
lower-alpha	将标记设置为小写英文字母,例如 a,b,c,d,e
upper-alpha	将标记设置为大写英文字母,例如 A,B,C,D,E
lower-greek	将标记设置为小写希腊字母,例如 $\alpha,\beta,\gamma,\delta,\varepsilon$
lower-latin	将标记设置为小写拉丁字母,例如 a,b,c,d,e
upper-latin	将标记设置为大写拉丁字母,例如 A,B,C,D,E

2. list-style-position 属性

list-style-position 属性用来设置在何处放置列表项前的标记。语法格式如下:

```
list-style-position: outside | inside;
```

其中,outside 保持标记位于文本的左侧,放置在文本以外,是默认值;inside 表示列表项前的标记放置在之后的文本以内。

3. list-style-image 属性

list-style-image 属性用来将列表项前的标记替换为一个图像。语法格式如下:

```
list-style-image: none | url(图像路径);
```

其中,url 表示图像路径;none 是默认值,不显示任何图像。

4. list-style 属性

list-style 属性是设置列表样式的复合模式,使用 list-style 可以同时设置上面的三个属性。语法格式如下:

> list-style: list-style-type 值 list-style-position 值 list-style-image 值;

注意: 在使用 list-style 属性时,需要按照上面的顺序来为参数赋值,忽略其中的一项或多项也是可以的。例如"list-style: none;""list-style:circle inside;",被忽略的参数会设置为参数对应的默认值,其中,none 代表无样式,常用来取消列表的默认样式。

案例 4 - 5:列表样式的使用。

代码如下:

```
<!DOCTYPE html>
<html>
    <head>
            <meta charset = "utf-8">
            <title>列表样式</title>
            <style type = "text/css">
                    li{
                            list-style: none;
                            list-style-image: url(img/arrow.gif) ;
                            list-style-position: outside;
                    }
            </style>
    </head>
    <body>
            <ul>
                    <li>项目 1</li>
                    <li>项目 2</li>
                    <li>项目 3</li>
            </ul>
    </body>
</html>
```

运行上述代码,页面效果如图 4 - 10 所示。

图 4 - 10　案例 4 - 5 效果图

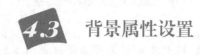 背景属性设置

4.3.1 基本的背景属性

为了让网页更加美观,在制作网页时可以设置背景颜色、背景图像吸引访问者的眼球。CSS 中提供了一系列用于设置 HTML 元素背景效果的属性。

background-color:设置元素的背景颜色。

background-image:设置元素的背景图像。

background-repeat:控制背景图像是否重复。

background-position:控制背景图像在元素中的位置。

background-attachment:控制背景图像是否跟随窗口滚动。

background:背景属性的缩写,可以在一个声明中设置所有的背景属性。

1. background-color 属性

可以使用 background-color 属性为元素设置一个背景颜色。语法格式如下:

```
background-color : 颜色取值;
```

其中,颜色取值和 color 属性取值类似。

需要指出的是在 CSS 3 中引入了 RGBA 模式,A 就是 alpha 参数,可以实现颜色透明设置。其参数值取 0~1 的数,0 表示完全透明,1 表示完全不透明。

例如,设置红色半透明背景,代码如下:

```
background-color:rgba(255,0,0,0.5);
```

上述代码设置了 0.5 的透明度。

除了使用 RGBA 模式之外,也可以通过 opacity 属性来单独控制元素呈现出透明效果。语法格式如下:

```
opacity: 值;
```

其中,值取 0~1 的浮点数值,0 表示完全透明,1 表示完全不透明。

例如,上述红色半透明背景设置也可以由以下代码实现:

```
background-color:rgb(255,0,0);
opacity: 0.5;
```

2. background-image 属性

background-image 属性用来为某个元素设置背景图像。语法格式如下:

```
background-image : url(图像路径);
```

其中,url 指向图像的路径,可以将 url() 看作一个函数,参数为图像的具体路径。

案例 4 - 6:background-color 属性和 background-image 属性的使用。

代码如下:

```
<!DOCTYPE html>
<html>
    <head>
        <meta charset = "utf-8">
        <title>背景颜色和背景图像设置</title>
        <style type = "text/css">
                * {
                        margin: 0;
                        padding: 0;
                }
                .header{
                        width: 100%;
                        height: 190px;
                        background-color: #012269;
                        overflow: hidden;
                }
                .con{
                        width: 100%;
                        height: 100px;
                        margin-top: 40px;
                        line-height: 100px;
                        text-align: center;
                        font-size: 25px;
                        background-image: url(img/bj.png);
                }
        </style>
    </head>
    <body>
        <div class = "header">
                <div class = "con">背景颜色和背景图像设置</div>
        </div>
    </body>
</html>
```

运行上述代码,页面效果如图 4 - 11 所示。

3. background-repeat 属性

在默认情况下,背景图像会从元素内边距的左上角开始,在水平和垂直方向上重复以填充整个元素区域,可以使用 background-repeat 属性来控制背景图像是否重复或如何重复。

图 4-11　案例 4-6 效果图

语法格式如下:

background-repeat:repeat | no-repeat | repeat-x | repeat-y;

其中,repeat 设置背景图像将在垂直方向和水平方向上重复,是默认值;repeat-x 设置背景图像仅在水平方向上重复;repeat-y 设置背景图像仅在垂直方向上重复;no-repeat 设置背景图像仅显示一次,不在任何方向上重复。

background-repeat 属性要和 background-image 属性一起使用才会起作用。

4. background-position 属性

background-position 属性用来设置背景图像的起始位置。语法格式如下:

background-position : 位置取值;

background-position 常用的属性值如表 4-3 所示。

表 4-3　background-position 常用的属性值

可选值	描　述
left top(左上)、left center(左中)、left bottom (左下)、right top(右上)、right center(右中)、right bottom(右下)、center top(中上)、center center(居中)、center bottom(中下)	使用一些关键词表示背景图像的位置,如果只设置第一个关键词,第二个将默认为 center
x% y%	使用百分比表示背景图像距离元素左上角的距离,x% 为水平方向,y% 为垂直方向,左上角为 0% 0%,右下角为 100% 100%。如果仅设置第一个值,那么另一个值将是 50%
xpos ypos	使用像素(px)或者其他 CSS 单位表示背景图像距离元素左上角的距离,xpos 为水平方向,ypos 为垂直方向,左上角为 0px 0px,右下角视元素的尺寸而定,百分比和单位的形式可以混用

此属性也要和 background-image 属性一起使用才会起作用。

5. background-attachment 属性

background-attachment 属性用来设置背景图像是固定在某个位置还是跟随页面一起滚动。语法格式如下:

```
background-attachment : scroll | fixed;
```

其中,scroll 表示背景图像随对象内容滚动,是默认选项;fixed 表示背景图像固定在页面上静止不动,只有其他的内容随滚动条滚动。

此属性也要和 background-image 属性一起使用才会起作用。

6. background 属性

background 是背景属性的复合属性,通过它不仅可以为元素设置某个背景属性,还可以同时设置多个或者所有的背景属性。语法格式如下:

```
background: background-color 值  background-image 值  background-repeat 值
background-attachment 值  background-position 值  background-size 值
background-clip 值  background-origin 值;
```

其中,background-size,background-clip,background-origin 属性为 CSS 3 新增属性,后面将进一步学习。

在使用 background 属性设置多个背景属性时并没有固定的顺序,但推荐按上述顺序进行设置。

案例 4 - 7:background 属性的使用。

代码如下:

```html
<!DOCTYPE html>
<html>
    <head>
        <meta charset = "utf-8">
        <title>background 属性的使用</title>
        <style type = "text/css">
                .con{
                                width: 100 % ;
                                height: 100px;
                                line-height: 100px;
                                text-align: center;
                                font-size: 25px;
                                background: lightgray url ( img/bj1.png)  no-repeat
left center;
                }
        </style>
    </head>
```

```
    <body>
        <div class = "con">background 属性的使用</div>
    </body>
</html>
```

运行上述代码,页面效果如图 4-12 所示。

图 4-12　案例 4-7 效果图

4.3.2　CSS 3 新增背景属性

CSS 3 新增了多个背景属性,它们提供了对背景更强大的控制。主要包括如下属性:

background-origin:设置 background-position 属性相对于什么位置来定位背景图像。

background-clip:设置背景图像的显示区域。

background-size:设置背景图像的尺寸。

1. background-origin 属性

在使用 background-position 属性设置背景图像的位置时,默认是以元素左上角的位置来计算的。background-origin 属性可以改变这种定位方式,自行定义背景图像的相对位置。语法格式如下:

```
background-origin : padding-box | content-box | border-box;
```

其中,padding-box 设置相对于元素的内边距区域来定位背景图像;border-box 设置相对于元素的边框区域来定位背景图像;content-box 设置相对于元素的内容区域来定位背景图像。

案例 4-8:background-origin 属性的使用。

代码如下:

```
<!DOCTYPE html>
<html>
    <head>
```

```
                    <meta charset = "utf-8">
                    <title>background-origin 属性的使用</title>
                    <style type = "text/css">
                            div{
                                    width:100px;
                                    height:100px;
                                    border: 10px dashed green;
                                    padding:10px;
                                    margin-top:10px;
                                    background: url(img/bj1.png) no-repeat;
                                    background-origin:border-box;
                            }
                    </style>
            </head>
            <body>
                    <div></div>
            </body>
    </html>
```

运行上述代码，页面效果如图 4 - 13 所示。

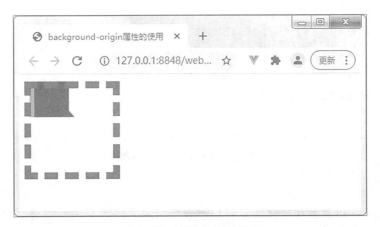

图 4 - 13   案例 4 - 8 效果图

从图 4 - 13 可以看出背景图片是从边框（border）区域开始绘制的，包括边框区域。

修改上述代码，将 background-origin 属性设置为 padding-box，代码如下：

```
background-origin : padding-box;
```

运行代码，效果如图 4 - 14 所示，从图中可以看出背景图片是从 padding 区域开始绘制的。

修改上述代码，将 background-origin 属性设置为 content-box，代码如下：

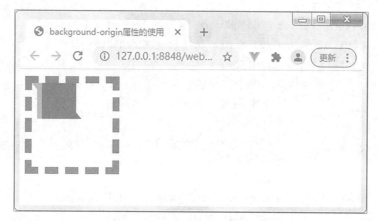

图 4 - 14　padding-box 显示效果

```
background-origin: content-box;
```

运行代码，效果如图 4 - 15 所示，从图中可以看出背景图片是从内容区域开始绘制的。

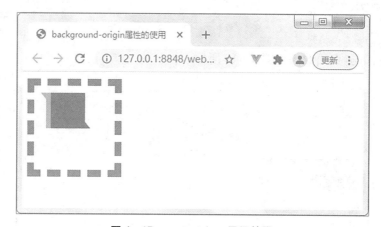

图 4 - 15　content-box 显示效果

2. background-clip 属性

background-clip 属性用来将背景图片做适当的裁剪以适应实际需要，也就是设置背景图像的显示区域。语法格式如下：

```
background-clip:border-box|padding-box|content-box
```

其中，border-box 设置在元素边框及以内的区域显示背景图像，是默认值；padding-box 设置在元素内边距及以内的区域显示背景图像；content-box 设置在元素内容区域显示背景图像。background-clip 属性和 background-origin 属性类似。

3. background-size 属性

background-size 属性用来设置背景图片的大小，以长度值或百分比显示，还可以通过 cover 和 contain 来对图片进行伸缩。语法格式如下：

```
background-size: 长度值 | 百分比 | cover | contain;
```

下面详细介绍 background-size 属性值的使用。

① 长度值和百分比。

background-size 属性可以有两个参数,参数值既可以是精确的数值形式,也可以是百分比形式,还可以是默认值(auto)。例如:

background-size:200px 100px;

background-size:50% 50%;

background-size:auto。

如果只有一个参数,那么此值用来规定背景图片的宽度,这个时候背景图片的高度值按照宽度进行等比例缩放确定。如果提供两个参数,那么第一个参数用来规定背景图片的宽度,第二个参数用来规定背景图片的高度。

案例 4-9:background-size 属性的使用。

代码如下:

```
<!DOCTYPE html>
<html>
    <head>
        <meta charset = "utf-8">
        <title>background-size 属性的使用</title>
        <style type = "text/css">
                div{
                        width:400px;
                        height:200px;
                        border: 5px solid green;
                        padding:10px;
                        margin-top:10px;
                        background: url(img/bj2.jpg) no-repeat;
                        background-size: 300px 150px;
                }
        </style>
    </head>
    <body>
        <div></div>
    </body>
</html>
```

代码中 background-size 属性设置两个参数,第一个参数规定背景图片的宽度为 300 px,第二个参数规定背景图片的高度为 150 px。运行上述代码,页面效果如图 4-16 所示。

注意:同时设置背景图片的宽度和高度,会导致图片变形。

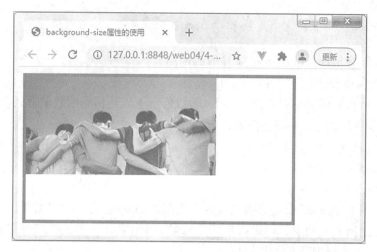

图 4 - 16　案例 4 - 9 效果图

修改 background-size 的属性值为一个值 600 px，代码如下：

```
background-size:600px;
```

其中，background-size 属性只规定了一个参数，那么这个参数用来规定背景图片的宽度，背景图片的高度根据宽度值进行等比例缩放。如果背景图片的尺寸超过容器，将会被裁切，效果如图 4 - 17 所示。

图 4 - 17　background-size 设置一个值的效果

background-size 属性值如果是 auto 的时候，就是背景图片按照原尺寸显示。

② cover 值。

将属性值设置为 cover 之后，背景图片将按等比缩放到完全覆盖容器，背景图片有可能超出容器，超出的部分将会被裁切。

修改案例 4 - 9 中 background-size 的属性值为 cover，代码如下：

```
background-size:cover;
```

效果和图 4-17 显示一致。背景图片可以最小程度地完全覆盖容器,如果背景图片的长宽比例和容器的长宽比例不一样,必然会出现在横向或者纵向上超出容器的情况,那么超出的部分将会被隐藏。

③ contain 值。

contain 和 cover 属性类似,可以将背景图片放大或者缩小,但是 cover 是最小限度地将容器覆盖,而 contain 只是要求某一个方位上将容器覆盖,比如纵向或者横向能够最小程度将容器覆盖。

修改案例 4-9 中 background-size 的属性值为 contain,代码如下:

```
background-size:contain;
```

运行代码,效果如图 4-18 所示,背景图片进行了等比例缩放,由于在纵向上能够最先达到填充容器元素,因此在横向上就放弃尝试。

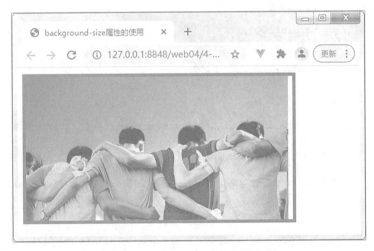

图 4-18　contain 值显示效果

4.3.3　CSS 3 渐变效果

CSS 3 渐变(gradient)包括 linear-gradient(线性渐变)和 radial-gradient(径向渐变)。

1. linear-gradient

linear-gradient 是指沿着一根轴线(水平或垂直或其他角度)改变颜色,从起点到终点颜色进行顺序渐变(从一边拉向另一边)。语法格式如下:

```
background-image: linear-gradient(渐变角度,颜色值1,颜色值2,…,颜色值 n);
```

渐变角度用来规定线性渐变的方向。其值可以是 left,top,right 或者 bottom,也可以是它们的适当组合。left 表示从左到右,top 表示从上到下,left top 是从左上角到右下角,以此类推。渐变角度还可以是确定的角度(angle),单位为"deg"。

　　颜色值必须有 2 个,第一个颜色值是起点颜色,最后一个颜色值是终点颜色,它们之间可以插入更多的参数,表示多种颜色渐变。

　　使用 linear-gradient 函数时,要注意浏览器兼容性问题:Chrome 和 Safari 需要前缀 "-webkit-",IE 9 需要前缀"-ms-",Firefox 需要前缀"-moz-"。

　　案例 4 - 10:linear-gradient 线性渐变的使用。

　　代码如下:

```
<!DOCTYPE html>
<html>
    <head>
        <meta charset = "utf-8">
        <title>linear-gradient 线性渐变的使用</title>
        <style type = "text/css">
            div{
                width:150px;
                height:80px;
                margin:10px;
                float:left;
                border: 1px solid red;
            }
            .left{
                background: -webkit-linear-gradient(left, #fff, #000);
            }
            .top{
                background: -webkit-linear-gradient(top, #fff, #000);
            }
            .lefTop{
                background: -webkit-linear-gradient(left top, #fff, #000);
            }
            .more{
                background: -webkit-linear-gradient(left, #fff, #000, #fff);
            }
        </style>
    </head>
    <body>
        <div class = "left">盒子 1</div>
        <div class = "top">盒子 2</div>
        <div class = "lefTop">盒子 3</div>
        <div class = "more">盒子 4</div>
    </body>
</html>
```

运行上述代码,页面效果如图 4-19 所示。

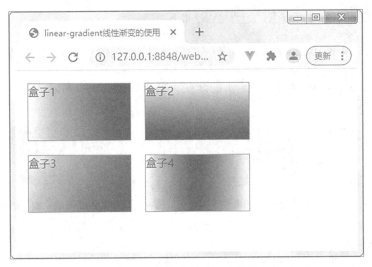

图 4-19　案例 4-10 效果图

上面的代码对于线性渐变的基本用法做了演示,从图 4-19 可以看出渐变都是平均分布的。

可以通过指定颜色的位置来控制渐变的区域。代码如下:

```
background:-webkit-linear-gradient(left, #fff 50%, #000);
```

上面的代码就规定了渐变的范围,从 50%开始进行渐变动作,第二个颜色没有规定,那么渐变结束位置就是 100%。也就是说 50%之前的位置是实色(白色),没有渐变效果,50%～100%的区域是渐变的。效果如图 4-20 所示。

将上述代码修改为:

```
background:-webkit-linear-gradient(left, #fff 30%, #000 80% );
```

上面的代码中就是规定 30%～80%的区域为渐变区域,其他地方为实色。效果如图4-21 所示。

图 4-20　渐变范围效果 1

图 4-21　渐变范围效果 2

angle 是一个由水平线与渐变线产生的角度,按逆时针方向。如果不指定一个角度,它会根据起始位置自动定义一个角度,角度参数需要加上单位"deg"。

例如按 30°角进行颜色渐变,效果如图 4-22 所示。代码如下:

```
background:-webkit-linear-gradient(30deg, #fff, #000);
```

线性渐变也可以应用于透明度上。代码如下：

```
background:-webkit-linear-gradient(left,rgba(0,0,0,0),rgba(0,0,0,1));
```

上面的代码实现黑色透明度 0 到 1 的渐变。效果如图 4 - 23 所示。

图 4 - 22 按 30°角进行颜色渐变　　　图 4 - 23 黑色透明度 0 到 1 的渐变

2. radial-gradient

radial-gradient 是从起点到终点颜色从内到外进行圆形或椭圆形渐变（颜色以某个点为中心向外拉）。语法格式如下：

```
background-image:radial-gradient (渐变形状 圆心位置, 颜色值 1, 颜色值 2, …, 颜色值 n);
```

渐变形状主要包括：circle 用来规定径向渐变为圆形；ellipse 用来规定径向渐变为椭圆形。

圆心位置用于确定元素渐变的中心位置，使用"at"加上关键词或参数值来定义径向渐变的中心位置。中心位置可以使用百分比和像素表示，也可以使用 left, top, bottom 和 right 表示。

颜色值的设置与 linear-gradient 是一致的。

案例 4 - 11:radial-gradient 径向渐变的使用。

代码如下：

```
<!DOCTYPE html>
<html>
    <head>
            <meta charset = "utf-8">
            <title>radial-gradient 径向渐变的使用</title>
            <style type = "text/css">
                    .box{
                            width: 300px;
                            height: 160px;
                            margin: 20px;
                            background:
```

```
-webkit-radial-gradient(circle, #000, #fff, #000);
                        }
            </style>
    </head>
    <body>
            <div class = "box">盒子 1</div>
    </body>
</html>
```

运行上述代码,页面效果如图 4-24 所示。

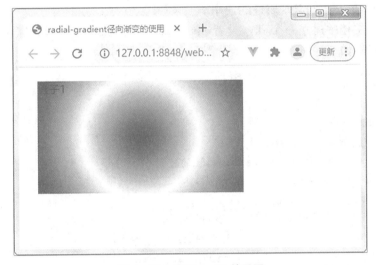

图 4-24　案例 4-11 效果图

如果没有规定中心点的位置,那么值都是 center。radial-gradient 的其他用法同 linear-gradient,这里就不再一一介绍了。

 4.4　新增的边框与盒子属性

4.4.1　新增的边框属性

CSS 3 新增了两个属性 border-radius 和 border-image,可以方便地创建圆角边框和使用图片来绘制边框。

1. border-radius 属性

元素的边框（border）是围绕元素内容和内边距的一条或多条线。CSS 中的 border 属性可以设置元素边框的样式、宽度和颜色。CSS 3 中 border-radius 属性可以用来设置边框圆角效果。语法格式如下:

```
border-radius: 半径值 1/半径值 2;
```

其中,border-radius 的属性值包含 2 个参数,取值可以为像素值或百分比。"半径值 1"表示圆角的水平半径,"半径值 2"表示圆角的垂直半径,2 个参数之间用"/"隔开。当 2 个值相等时,可以只写 1 个值,此时圆角为一个圆的弧度。

border-radius 属性可以同时设置 1 到 4 个值。如果设置 1 个值,表示 4 个圆角都使用这个值;如果设置 2 个值,表示左上角和右下角使用第一个值,右上角和左下角使用第二个值;如果设置 3 个值,表示左上角使用第一个值,右上角和左下角使用第二个值,右下角使用第三个值;如果设置 4 个值,则依次对应左上角、右上角、右下角、左下角(按顺时针顺序)。

案例 4 - 12:border-radius 属性的使用。

在 HTML 文档中建立一个 div,设置 div 样式:宽高为 200 px,背景红色,边框为 2 px solid black。代码如下:

```
<!DOCTYPE html>
<html>
    <head>
            <meta charset = "utf-8">
            <title>border-radius 属性的使用</title>
            <style type = "text/css">
                    div{
                            width: 200px;
                            height: 200px;
                            background: red;
                            border: 2px solid black;
                    }
            </style>
    </head>
    <body>
            <div></div>
    </body>
</html>
```

接下来分别设置 border-radius 不同类型的属性值。

① 设置 border-radius:50 px/25 px,表示每个圆角的"水平半径"为 50 px,"垂直半径"为 25 px,效果如图 4 - 25 所示。

② 现在设置它的圆角半径为 50 px,即 border-radius:50 px,这条语句将每个圆角的"水平半径"和"垂直半径"都设置为 50 px,效果如图 4 - 26 所示。

③ 设置 border-radius:50 px 25 px,即左上角和右下角的圆角半径为 50 px,右上角和左下角的圆角半径为 25 px,效果如图 4 - 27 所示。

图 4-25 设置两个参数效果图

图 4-26 设置一个参数效果图

图 4-27 多个角设置效果图

注意:"水平半径"和"垂直半径"也可以同时设置 1 到 4 个值,应用规则与设置 1 个值相同。

2. border-image 属性

CSS 3 新增的 border-image 属性可以让元素的边框样式更加丰富多彩,它可以用图片作为边框样式实现对区域整体添加一个图片边框效果。语法格式如下:

```
border-image: source slice / width / outset repeat
```

border-image 属性是综合属性,还包括 border-image-source,border-image-slice,border-image-width,border-image-outset,border-image-repeat 等属性。下面对各个属性进行详细说明。

（1）border-image-source 属性

border-image-source 属性用于指定是否用图片定义边框样式或图像来源路径。语法格式如下:

```
border-image-source:none｜图片路径;
```

其中,none 表示不使用图片定义边框属性,图片路径用 url()方式规定,可以是相对路径,也可以是绝对路径。

（2）border-image-slice 属性

border-image-slice 属性用来规定图片的切割位置。语法格式如下:

```
border-image-slice:图像顶部、右侧、底部、左侧内偏移值;
```

其中,偏移值可以是像素或百分比,默认值是 100%。如果是数字方式,则是纯数值,不能带单位,专指像素(px)。

（3）border-image-width 属性

border-image-width 属性用来规定边框图片宽度。语法格式如下:

```
border-image-width:边框的宽度值(像素);
```

其中,取值方式和 border-width 类似,遵循上右下左原则。此属性可以省略,省略后边框图片区域与元素的 border 是一致的。

（4）border-image-outset 属性

border-image-outset 属性用来规定边框图片区域超出元素边框的尺寸。语法格式如下：

```
border-image-outset:数值;
```

此属性可以有 1 至 4 个值，取值方式和 border-width 类似，同时也遵循上右下左原则。

（5）border-image-repeat 属性

border-image-repeat 属性用来规定切割后的边框图片中间部分在元素对应部分的存在方式。语法格式如下：

```
border-image-repeat:stretch | repeat | round;
```

其中，stretch 表示图片以拉伸平铺方式来填充该区域；repeat 表示图片以重复平铺方式来填充该区域；round 和 repeat 类似，不同之处在于如果无法完整平铺所有图像，则对图像进行缩放以适应区域。

此属性可以有 1 至 2 个属性值，如果有 1 个则用于上下左右四个方位；如果有 2 个，第一个用于上下方位，第二个用于左右方位。如果省略此属性，则默认使用 stretch。

案例 4 - 13：border-image 属性的使用。

以图 4 - 28 作为边框图片，尺寸是 81 px×81 px。

代码如下：

```
<! DOCTYPE html>
<html>
    <head>
        <meta charset = "utf-8">
        <title></title>
        <style type = "text/css">
                div{
                        width: 200px;
                        height: 100px;
                        border: 27px solid red;
                        border-image: url( img/bimg. png) 27;
                }
        </style>
    </head>
    <body>
        <div></div>
    </body>
</html>
```

以上代码中,border-image-slice 设置为 27,由于没有规定 border-image-width,将以边框的尺寸为标准,又因没有规定 border-image-repeat 属性,则默认采用 stretch 方式,也就是拉伸被切割的中间区域,效果如图 4-29 所示。

图 4-28   边框图片

图 4-29   案例 4-13 效果图

修改案例 4-13 代码如下:

```
border-image:url("mytest/demo/bimg.jpg") 27 stretch repeat;
```

图 4-30   设置 border-image-repeat
属性效果图

在以上代码中,水平方位用 stretch 拉伸方式,垂直方位用 repeat 重复平铺方式;repeat 方式不会调整切割后边框图片中间部分,所以会出现残缺现象,效果如图 4-30 所示。

4.4.2   新增的盒子属性

在网页设计中常常要使用阴影效果,通过阴影效果可以很好地突出元素。CSS 3 新增的 box-shadow 属性可以为 HTML 元素设置阴影效果。其语法格式如下:

```
box-shadow: 水平阴影值 垂直阴影值 模糊半径 阴影大小值 颜色 阴影类型;
```

水平阴影值:必填参数,设置阴影水平方向的偏移量,可以为负值。

垂直阴影值:必填参数,设置阴影垂直方向的偏移量,可以为负值。

模糊半径:可选参数,设置模糊的半径,值越大,模糊半径越大,阴影的边缘越模糊,不允许使用负值。

阴影大小值:可选参数,设置阴影的尺寸。

颜色:可选参数,设置阴影的颜色。

阴影类型:可选参数,将默认的外部阴影(outset)改为内部阴影。

box-shadow 属性与 text-shadow 属性使用方法相似。

案例 4-14:box-shadow 属性的使用。

代码如下:

```
<!DOCTYPE html>
<html>
<head>
```

```
<style>
    div {
        width: 100px;
        height: 100px;
        border-radius: 10px;
        background-color: #CCC;
        float: left;
        margin: 5px;
    }
    .box1{
        box-shadow: 2px 2px 5px #000;
    }
    .box2{
        box-shadow: 2px 2px 5px #000 inset;
    }
    .box3{
        margin-left: 10px;
        box-shadow: 0px 0px 0px 3px #bb0a0a,
                    0px 0px 0px 6px #2e56bf,
                    0px 0px 0px 9px #ea982e;
    }
</style>
</head>
<body>
    <div class = "box1"></div>
    <div class = "box2"></div>
    <div class = "box3"></div>
</body>
</html>
```

运行上述代码,效果如图 4-31 所示。

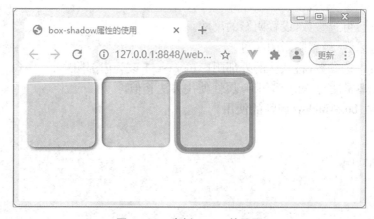

图 4-31　案例 4-14 效果图

注意: box-shadow 可以为元素添加一个或多个阴影,属性是由逗号分隔的阴影列表,每个阴影由 2~4 个长度值、可选的颜色值以及可选的 inset 关键词来规定,省略长度的值则为 0。

项目 实现

小李在学习完 CSS 样式美化的相关知识后,决定亲自动手将学校官网的内容做进一步美化操作。

1. 网页头部样式美化

首先是头部导航模块区域,在 header.css 文件中对区域一内容设置行高和超链接样式,增加背景颜色,添加以下代码:

```
.header_top {
    width: 100%;
    height: 40px;
    background-color: #012269;
}
.header_top ul li {
    float: left;
    height: 100%;
    line-height: 40px;
}

.header_top ul li a {
    font-size: 14px;
    color: #ffffff;
    padding: 0 15px;
}
.header_top ul li a:hover {
    color: #E81C1B;
}
```

在 header.css 文件中对区域二添加背景图,添加以下代码:

```
.header_middle {
    width: 100%;
    height: 80px;
    background: url(../img/header/header_bg.png) no-repeat;
    background-size: 100%;
}
```

在 header.css 文件中对区域三内容设置行高背景颜色和超链接样式,添加以下代码:

```
.header_bottom {
    width: 100%;
    height: 46px;
    background-color: #012269;
}
.header_bottom nav {
    height: 100%;
    line-height: 46px;
}
.header_bottom nav ul li {
    width: 100px;
    height: 100%;
    float: left;
    text-align: center;
}
.header_bottom nav ul li a {
    color: #fff;
}
.header_bottom nav ul li:hover {
    background-color: #2565A4;
}
```

运行上述代码,效果如图 4-32 所示。

图 4-32　网页头部效果图

2. 网页主要内容样式美化

接下来是主要内容区域。在上半部分区域设置超链接和背景的相关样式。代码如下:

```
/* 左侧内容 */
main .main_top .main_top_left .head a {
    font-size: 20px;
    color: #000;
    font-weight: 700;
```

```
        margin-right: 20px;
}
main .main_top .main_top_left .head a:hover {
        color: #FF0000;
}
main .main_top .main_top_left .head a:first-child {
        border-left: 5px solid #B10606;
        padding-left: 15px;
        font-size: 30px;
        margin-right: 150px;
}
main .main_top .main_top_left .body li:hover {
        background-color: #E8EBF4;
}
main .main_top .main_top_left .body li span {
        float: left;
        margin-left: 20px;
        width: 70px;
        height: 55px;
        background-color: #B10606;
        font-size: 18px;
        line-height: 55px;
        text-align: center;
        font-weight: 700;
        color: #fff;
}
main .main_top .main_top_left .body li p {
        float: left;
        margin-left: 50px;
        width: 550px;
        height: 100%;
        line-height: 55px;
        font-size: 18px;
}
/* 右侧内容 */
main .main_top .main_top_right .head {
        width: 100%;
        height: 60px;
        padding: 10px 0;
        font-size: 30px;
        color: #000;
```

```
        font-weight: 700;
        border-bottom: 3px solid #012269;
        margin-bottom: 10px;
}
main .main_top .main_top_right .head:hover {
        color: #FF0000;
}
main .main_top .main_top_right .body li {
        position: relative;
        padding-left: 15px;
        height: 55px;
        margin-bottom: 7px;
        line-height: 55px;
        font-size: 18px;
}
main .main_top .main_top_right .body li:hover {
        background-color: #E8EBF4;
}
main .main_top .main_top_right .body li::after {
        position: absolute;
        font-size: 12px;
        color: #ccc;
        top: 0;
        right: 10px;
}
```

下半部分区域与上半部分类似,设置超链接和背景的相关样式。代码如下:

```
/* 左侧内容 */
main .main_bottom .main_bottom_left .head a {
        font-size: 20px;
        color: #000;
        font-weight: 700;
        margin-right: 20px;
}
main .main_bottom .main_bottom_left .head a:hover {
        color: #FF0000;
}
main .main_bottom .main_bottom_left .head a:first-child {
        border-left: 5px solid #B10606;
        padding-left: 15px;
```

```css
    font-size: 30px;
    margin-right: 150px;
}
main .main_bottom .main_bottom_left .head a:last-child {
    margin-left: 220px;
}
/* 右侧内容 */
main .main_bottom .main_bottom_right .head {
    width: 100%;
    height: 60px;
    padding: 10px 0;
    font-size: 30px;
    color: #000;
    font-weight: 700;
    border-bottom: 3px solid #012269;
    margin-bottom: 10px;
}
main .main_bottom .main_bottom_right .head:hover {
    color: #FF0000;
}
main .main_bottom .main_bottom_right .body li {
    position: relative;
    padding-left: 15px;
    height: 55px;
    margin-bottom: 7px;
    line-height: 55px;
    font-size: 18px;
}
main .main_bottom .main_bottom_right .body li:hover {
    background-color: #E8EBF4;
}
main .main_bottom .main_bottom_right .body li::after {
    position: absolute;
    font-size: 12px;
    color: #ccc;
    top: 0;
    right: 10px;
}
```

运行上述代码,效果如图 4-33 所示。

3. 网页尾部样式美化

最后是尾部模块区域,在 footer. css 文件中,对该区域设置背景图。代码如下:

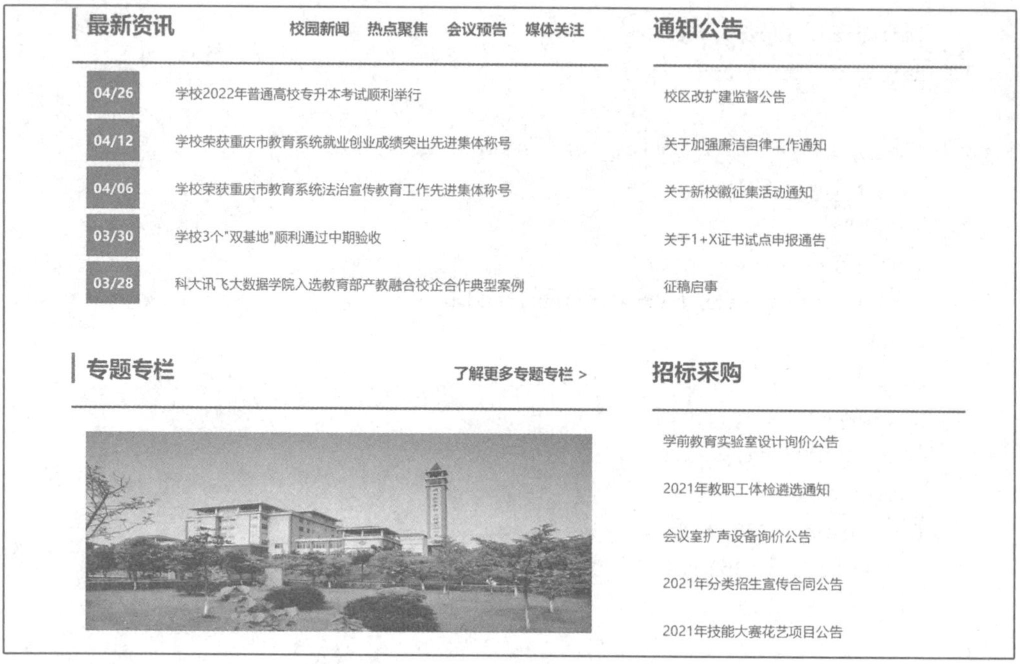

图 4 - 33　网页主要内容效果图

```
footer {
    width: 100 % ;
    height: 215px;
    background: url(../img/footer/footer_bg.png) no-repeat 100 % ;
    background-size: 100 %  100 % ;
}
```

然后设置该区域超链接和文本样式：

```
footer .nav a,
span {
    color: white;
    font-size: 14px;
}
footer .nav a:hover {
    color: #E81C1B;
}
footer .nav .nav_right span {
    font-size: 14px;
    margin-left: 30px;
    border-left: 5px solid red;
    padding-left: 10px;
```

```
    }
    footer .body .address {
        width: 35%;
        height: 100%;
        float: left;
        font-size: 14px;
        color: white;
        box-sizing: border-box;
        padding: 10px 20px 10px 20px;
        border-left: 1px solid white;
    }
    footer .body .erweima div p {
        width: 100px;
        height: 20px;
        font-size: 12px;
        color: #fff;
        text-align: center;
    }
```

运行上述代码,效果如图 4 - 34 所示。

图 4 - 34 网页尾部效果图

项目 拓展

根据效果图 4 - 35,使用 CSS 3 实现学院网站二级页面"校园新闻"的样式美化。

从图中可分析,校园新闻页面与官网首页具有相同的头部模块和尾部模块美化样式。实现代码可参考官网首页项目实现部分。

在主要内容区域一中,设置文字背景颜色、字体大小和颜色。实现代码如下:

```
.main_top .box {
    position: absolute;
    top: 80px;
    left: 50px;
    width: 450px;
    height: 125px;
```

```
        background: rgba(53,152,213,0.8);
}
.main_top .box h1 {
        margin: 30px 0 10px 20px;
        font-size: 25px;
        font-weight: 400;
        color: white;
}
```

图 4-35　校园新闻网页效果图

在主要内容区域二中，设置文本字体大小和颜色，导航栏鼠标经过时的背景颜色。实现代码如下：

```
.main_middle_left .content p:hover {
    color: #A61F23;
}
.main_middle_left .content span {
    position: absolute;
    top: 70px;
    left: 32%;
    color: #ccc;
}
.main_middle .main_middle_right h1 {
    width: 100%;
    height: 50px;
    background-color: #B10606;
    font-size: 20px;
    text-align: center;
    line-height: 50px;
    color: white;
}
.main_middle .main_middle_right ul {
    width: 100%;
    height: 270px;
    background-color: #2565A4;
}
.main_middle .main_middle_right ul li {
    width: 100%;
    height: 45px;
    background-color: #EFEFF0;
    text-align: center;
    line-height: 45px;
    border-bottom: 1px solid white;
}
.main_middle .main_middle_right ul li:hover {
    cursor: pointer;
    background-color: #fff;
}
.main_middle .main_middle_right ul li:last-child {
    border-bottom: 5px solid #B10606;
}
```

在主要内容区域三中，设置盒子与文字大小，鼠标经过时的背景颜色。实现代码如下：

```
.main_bottom ul li {
    width: 30px;
    height: 30px;
    float: left;
    margin-right: 10px;
    border: 1px solid black;
    text-align: center;
    line-height: 30px;
    font-size: 12px;
}
.main_bottom ul li:hover {
    color: white;
    background-color: #3598D5;
    border: 1px solid transparent;
}
```

运行上述代码，效果如图 4 - 36 所示。

图 4 - 36　网页主要内容效果图

项目 小结

本项目介绍了 CSS 3 中边框、字体和文本、背景、渐变等属性和样式，通过设置这些样式,可以得到丰富多彩的页面效果,达到美化页面的目的。

项目 训练

　　利用本项目所学美化页面的知识,在项目三项目训练内容的基础上,编写 CSS 3 代码,完成信息与智能制造学院网站主页的样式美化。

实现页面中轮播图效果 //////////////////////////////////

教学 目标

能力目标	(1) 会使用 CSS 3 属性选择器和伪类选择器； (2) 会用 CSS 3 实现变形和动画效果； (3) 会编写 CSS 3 实现轮播图效果
知识目标	(1) 掌握 CSS 3 属性选择器； (2) 理解 CSS 3 伪类选择器； (3) 掌握 CSS 3 变形和动画制作方法
思政与育人 目标	通过动画制作,培养学生精益求精的工匠精神

项目 描述

　　小李在完成了官网首页的布局与美化后,一个基本的静态网页就完成了,但网页上还有一些动态效果没有实现。因此小李需要进一步学习关于选择器、转换、过渡与动画等高级应用才能实现页面动态效果。

　　本任务的具体要求如下:

　　(1) 使用 CSS 3 技术在标题末尾添加时间信息。

　　(2) 使用 CSS 3 技术实现 banner 过渡和轮播图效果。

知识 准备

5.1 选　择　器

5.1.1　属性选择器

属性选择器用来匹配具有特定属性的元素。属性选择器的定义方式与标签选择器相似,只不过需要在标签的后面使用方括号[ ]来指定标签具有的属性信息,其类型和意义如表 5-1 所示。

为了方便阐述,规定"E"代表某一元素,"attr"代表某一属性。

表 5-1 常用属性选择器

属性名称	含 义
E[attr]	此选择器可以匹配具有指定属性的元素,而不管属性值
E[attr="value"]	此选择器与 E[attr]选择器相比更精准,除了匹配具有指定的属性外,还要匹配具有指定的属性值
E[att^="value"]	此选择器可以匹配属性值以指定内容开头的元素
E[att$="value"]	此选择器与 E[attr^="value"]选择器恰恰相反,它可以匹配属性值以指定值结尾的元素
E[att*="value"]	此选择器可以匹配具有指定属性且属性值中包含指定值的元素

例如:将具有 id 属性的 li 元素中的文本颜色设置为红色。代码如下:

```
li[id]{
   color:red
}
```

将 id 属性值为 box 的 li 元素中的字体设置为红色。代码如下:

```
li[id="box"]{
   color:red;
}
```

将 id 属性值以 an 开头的元素中的字体颜色设置为红色。代码如下:

```
li[id^="an"]{
   color:red;
}
```

将 id 属性值以 ne 结尾的 li 元素的字体颜色设置为红色。代码如下:

```
li[id$="ne"]{
   color:red;
}
```

将 id 属性值中包含 ne 的 li 元素中的字体颜色设置为红色。代码如下:

```
li[id*="ne"]{
   color:red;
}
```

以上属性类型都可以同时使用多个属性来更精确匹配元素。

5.1.2 伪类选择器

伪类是 W3C 制定的一套选择器的特殊状态,通过伪类可以设置元素的动态状态和确定不能通过其他选择器选择的元素。语法格式如下:

```
selector:pseudo-class{
    /* 样式属性 */
}
```

其中,selector 表示其他的 css 选择器;:pseudo-class 表示伪类选择器。

伪类选择器主要包括动态伪类选择器和结构伪类选择器。

1. 动态伪类选择器

动态伪类并不存在于 HTML 中,只有在用户和网站交互的时候才能体现出来。常用的选择器有 E:hover,E:active,E:focus 等。

E:hover 选择器用来指定当鼠标指针移动到元素上面时,元素所使用的样式。

E:active 选择器用来指定元素被激活(鼠标在元素上按下还没有松开)时使用的样式。

E:focus 选择器用来指定当元素获得焦点时使用的样式,主要是在文本框控件获得焦点并进行文字输入时使用。

除此之外,动态伪类选择器还包含 E:enable,E:disable,E:read-only,E:read-write,E:checked 等选择器,这里就不一一介绍了。

2. 结构伪类选择器

结构伪类选择器利用文档结构树实现元素的过滤,通过元素的相互关系来匹配特定的元素,从而减少文档内 class 和 id 属性的定义。常用的有 E:first-child,E:last-child,E:only-child,E:nth-child(n),E:nth-last-child(n)。

(1) E:first-child

E:first-child 是指选择某个元素的第一个子元素。

案例 5-1:结构伪类选择器的使用。

代码如下:

```
<!DOCTYPE html>
<html>
    <head>
        <meta charset = "utf-8" />
        <title>结构伪类选择器的使用</title>
        <style type = "text/css">
            * {
                padding: 0;
                margin: 0;
            }
            .demo{
```

```
                    width: 500px;
                    height: 60px;
                    border: 1px solid cadetblue;
                    margin: 50px;
            }
            .demo li{
                    list-style: none;
                    float: left;
                    width: 30px;
                    height: 30px;
                    text-align: center;
                    font-weight: bold;
                    margin: 15px 10px;
                    font-size: 25px;
                    background: yellow;
            }
            .demo li:first-child{
                    background: black;
                    color: white;
            }
        </style>
    </head>
    <body>
        <ul class = "demo">
            <li>1</li>
            <li>2</li>
            <li>3</li>
            <li>4</li>
            <li>5</li>
            <li>6</li>
            <li>7</li>
            <li>8</li>
            <li>9</li>
            <li>10</li>
        </ul>
    </body>
</html>
```

运行上述代码,页面效果如图 5-1 所示。

（2）E:last-child

E:last-child 选择某个元素的最后一个子元素,修改案例 5-1 的相关代码,效果如图 5-2 所示。

图 5-1 案例 5-1 效果图

```
.demo li:last-child{
    background: black;
    color: white;
}
```

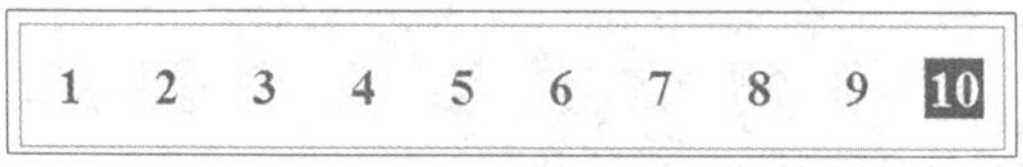

图 5-2 E:last-child 选择器效果图

（3）E:nth-child(n)

E:nth-child(n)选择某个元素的第 n 个子元素，其中 n 为正整数，从 0 开始计算。

修改案例 5-1 的相关代码，效果如图 5-3 所示。

```
.demo li:nth-child(3){
    background: black;
    color: white;
}
```

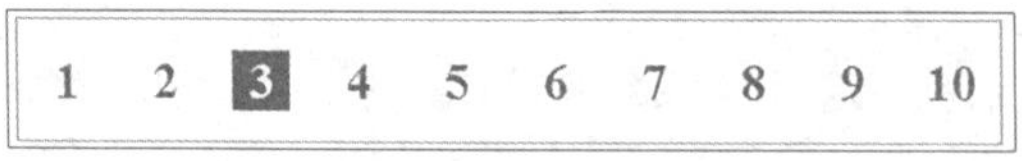

图 5-3 E:nth-child(n)选择器效果图

n 不能为负值，也就是说 li:nth-child(-3)是不正确的使用方法。:nth-child(2n)，这种方式是前一种的变身，可以选择"n"的 2 倍数，当然其中"2"可以换成需要的数字。

（4）E:nth-last-child(n)

E:nth-last-child(n)和 E:nth-child(n)类似，也是选择某个元素的第 n 个子元素，只不过从这个元素的最后一个子元素开始算。

修改案例 5-1 的相关代码，效果如图 5-4 所示。

```
.demo li:nth-last-child(4){
    background: black;
```

```
        color: white;
    }
```

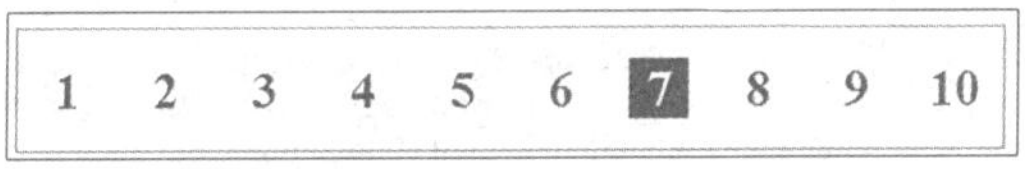

图 5 - 4　E:nth-last-child(n)选择器效果图

除此之外,还有 E:nth-of-type,E:nth-first-of-type,E:nth-last-of-type,E:first-of-type,E:last-of-type 等,使用方法类似上述选择器。

5.1.3　伪元素选择器

伪元素是一个附加在选择器末尾的关键词,通过伪元素则不需要借助元素的 ID 或 class 属性就可以对被选择元素的特定部分定义样式。CSS 3 中主要使用::before 伪元素选择器和::after 伪元素选择器。

1.::before 伪元素选择器

::before 伪元素选择器用于在被选元素的内容前面插入内容,必须配合 content 属性来指定要插入的具体内容。语法格式如下:

```
element::before{
    content:文字/url();
    /* 其他样式 */
}
```

其中,element 表示元素,被选元素位于“:before”之前;“{ }”中的 content 属性用来指定要插入的具体内容,该内容既可以为文本也可以为图片,还可以根据需要添加相应的样式。

2.::after 伪元素选择器

::after 伪元素选择器用于在被选元素的内容之后插入内容,其使用方法和::before 伪元素选择器类似。语法格式如下:

```
element::after{
    content:文字/url();
    /* 其他样式 */
}
```

案例 5 - 2:伪元素选择器的使用。
代码如下:

```
<!DOCTYPE html>
<html>
    <head>
            <meta charset = "utf-8">
```

```
<title>伪元素选择器的使用</title>
<style type = "text/css">
        .p1::before{
                content: "第一段落";
                font-size: 20px;
                font-weight: bold;
        }
        .p2::after{
                content: url(img/ic.png);
        }
</style>
</head>
<body>
        <p class = "p1">在段落前面插入文本</p>
        <p class = "p2">在段落后面插入图片</p>
</body>
</html>
```

运行上述代码,效果如图 5-5 所示。

图 5-5 案例 5-2效果图

实际上,在 CSS1 和 CSS2 中就有伪元素,其使用与伪类相同,都是一个冒号":"与选择器相连。但在 CSS 3 中,将伪元素单冒号的使用方法改为了使用双冒号"::",以此来区分伪类和伪元素。因此,建议在使用伪元素时使用双冒号而不是单冒号。

5.2   CSS 3 转换

5.2.1   transform 转换

CSS 3 提供了 transform 属性来实现文字或图像的旋转、缩放、倾斜、移动等变形处理。

语法格式如下:

```
transform:transform-function;
```

其中,transform-function 为变形函数,变形中每个效果(比如平移、旋转和缩放效果)都需要使用变形函数实现。这些函数能够改变指定元素的位置、尺寸和形状,主要包括 translate( ),scale( ),rotate( ),skew( )等函数。

注意:使用 transform 属性和其变形函数时,要注意浏览器兼容性问题:Chrome 和 Safari 需要前缀"-webkit-";IE 9 需要前缀"-ms-";Firefox 需要前缀"-moz-"。

1. translate( )函数

translate()函数可以根据参数实现指定元素的移动效果。语法格式如下:

```
transform: translate(x,y);
```

其中,x 参数规定水平方向的位移;y 参数规定垂直方向的位移。x 和 y 可以为负值,表示反方向移动元素。

案例 5 - 3:translate( )函数的使用。

代码如下:

```html
<!DOCTYPE html>
<html>
    <head>
        <meta charset = "utf-8">
        <title>translate()函数的使用</title>
        <style type = "text/css">
                #box{
                        width:400px;
                        height:400px;
                        background:grey;
                        margin: 20px auto;
                }
                #box .demo{
                        width:50px;
                        height:50px;
                        border: 1px solid red;
                        background:white;
                        transform:translate(50px,50px);
                }
        </style>
    </head>
```

```
    <body>
        <div id = "box">
                    <div class = "demo"></div>
        </div>
    </body>
</html>
```

运行上述代码，效果如图 5-6 所示。

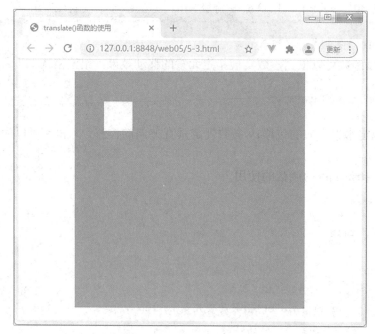

图 5-6　案例 5-3 效果图

注意：如果只有一个参数，那么这个参数同时应用于水平和垂直方位；如果参数是百分数，参考尺寸是元素自身对应的长度和宽度尺寸，对于下面的函数同样适用。

2. rotate( )函数

rotate( )函数可以实现图像或文字的旋转。语法格式如下：

```
transform: rotate (angle);
```

其中，angle 规定元素的顺时针旋转角度，如果角度为正值，则按照顺时针方向旋转；为负值，则按照逆时针方向旋转。

修改案例 5-3 的代码如下：

```
transform:rotate(60deg);
```

以上代码可以将 div 元素顺时针旋转 60°,效果如图 5-7 所示。

3. scale( )函数

scale( )函数可以实现指定元素的缩放效果。语法格式如下:

```
transform: scale(x,y);
```

其中,x 参数是宽度缩放倍数;y 参数是高度缩放倍数。

修改案例 5-3 的代码如下:

```
transform:scale(2,3);
```

以上代码可以将 div 宽度放大 2 倍,高度放大 3 倍,效果如图 5-8 所示。

图 5-7　rotate( )函数使用效果

图 5-8　scale( )函数使用效果

4. skew( )函数

skew( )函数可以设定指定元素的扭曲角度。语法格式如下:

```
transform: skew (x-angle,y-angle);
```

其中,x-angle 设置水平方向的扭曲变形;y-angle 设置竖直方向的扭曲变形。第二个参数如果省略,那么默认值就是 0。

修改案例 5-3 的代码如下:

```
transform:skew(45deg);
```

以上代码可以设置水平方向的扭曲,效果如图 5-9 所示。

修改案例 5-3 的代码如下:

```
transform:skew(0,45deg);
```

以上代码可以设置垂直方向的扭曲,效果如图 5-10 所示。

图 5-9   skew( )函数使用效果 1   图 5-10   skew( )函数使用效果 2

5.2.2   transform-origin 设置基点

transform-origin 属性用来设置旋转元素的基点位置。语法格式如下:

```
transform-origin: x y z;
```

x 规定元素旋转基点的 x 轴坐标,属性值可以是 left,center,right,length 和%。
y 规定元素旋转基点的 y 轴坐标,属性值可以是 left,center,right,length 和%。
z 这个参数只有 3D 旋转时才会用到,用于规定元素旋转基点的 z 轴坐标,属性值只能是 length。
此属性的关键是理解什么是基点位置,以何种标准来确定基点位置的坐标。基点位置就是元素旋转时所围绕的轴心位置。基点位置的坐标是以矩形原始左上角(0,0)位置为参考的,在 x 轴上向右为正,在 y 轴上向下为正(图 5-11)。

注意:如果不设置基点位置,默认状态下,基点位置就是元素的中心位置(50%,50%,0)。

修改案例 5-3 的代码如下:

```
transform:rotate(45deg);
transform-origin:40px 40px;
```

以上代码设置了基点位置坐标为(40 px,40 px),盒子旋转 45°,效果如图 5-12 所示。

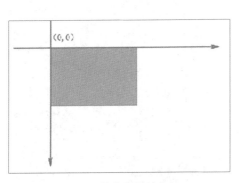

图 5-11　基点位置的坐标

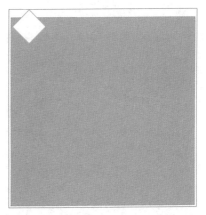

图 5-12　transform-origin 属性的使用

5.2.3　3D 转换

在 2D 变换中,rotate()表示旋转的意思,3D 转换就是在此基础上增加关于 z 轴的旋转,涉及的函数为 rotateX(),rotateY(),rotateZ()。

1. rotateX()

rotateX()的作用是控制元素围绕着 x 轴进行旋转,就像一个体操运动员在单杠上旋转一样。

修改案例 5-3 的代码如下:

```
transform:rotateX(60deg);
```

以上代码表示元素围绕 x 轴旋转 60°,因为是平面展示,所以看起来元素高度变窄了,效果如图 5-13 所示。

2. rotateY()方法

rotateY()可以控制元素围绕着 y 轴进行旋转。

修改案例 5-3 的代码如下:

```
transform:rotateY(60deg);
```

以上代码表示元素围绕 y 轴旋转 60°,因为是平面展示,所以看起来元素宽度变窄了,效果如图 5-14 所示。

3. rotateZ()方法

rotateZ()可以控制元素围绕着 z 轴进行旋转。

修改案例 5-3 的代码如下:

图 5-13　rotateX()函数的使用

```
transform:rotateZ(60deg);
```

以上代码表示元素围绕 z 轴旋转 60°,和 2D 旋转效果一致,效果如图 5-15 所示。

图 5－14　rotateY( )函数的使用

图 5－15　rotateZ( )函数的使用

　5.3 **过渡与动画**

5.3.1　transition 过渡属性

transition 是与动画相关的一个属性,具有"过渡"的意思,也就是说可以让一个元素的 CSS 3 属性值在一定时间段内进行平滑的过渡。主要属性有 transition-property,transition-duration,transition-timing-function,transition-delay,transition。

1. transition-property 属性

transition-property 属性用于指定参与过渡效果的 CSS 属性的名称。语法格式如下:

```
transition-property : all | property;
```

其中,all 设置所有可以进行过渡的属性;property 指定可以进行过渡的属性名称。

2. transition-duration 属性

transition-duration 属性用来设置进行动画过渡的持续时间。语法格式如下:

```
transition-duration:time;
```

其中,time 用于设置过渡效果的时间。

3. transition-timing-function 属性

transition-timing-function 属性设置根据时间的推进去改变属性值的变换速率。语法格式如下:

```
transition-timing-function : ease | linear | ease-in | ease-out | ease-in-out;
```

其中,ease 表示由慢到快,再变慢,是默认值;linear 表示匀速;ease-in 表示加速;ease-out 表示减速;ease-in-out 表示加速然后减速。

4. transition-delay 属性

transition-delay 是用来指定一个动画开始执行的时间,也就是说当改变元素属性值后多长时间开始执行过渡效果。语法格式如下:

```
transition-delay : time;
```

其中,time 用于设置过渡效果的延迟时间,使用和 transition-duration 相似,默认大小是"0",也就是过渡立即执行,没有延迟。

5. transition 属性

transition 属性是复合属性,用于同时设置 transition-property,transition-duration,transition-timing-function,transition-delay4 个过渡属性。语法格式如下:

```
transition : property duration timing-function delay;
```

案例 5 - 4:transition 属性的使用。

代码如下:

```html
<!DOCTYPE html>
<html>
    <head>
            <meta charset = "utf-8">
            <title>transition 属性的使用</title>
            <style type = "text/css">
                .box{
                    width: 100px;
                    height: 100px;
                    background: gray;
                    transition: width 2s ease-in 1s;
                }
                .box:hover{
                    width: 500px;
                }
            </style>
    </head>
    <body>
            <div class = "box"></div>
    </body>
</html>
```

以上代码设置 box 的宽度从 100 px 变为 500 px 的过渡效果,动画延迟 1 秒执行,在 2 秒内完成,动画过程采用加速形式。运行上述代码,过渡前效果如图 5 - 16 所示,过渡过程中效果如图 5 - 17 所示,过渡完成后效果如图 5 - 18 所示。

图 5-16 过渡前效果图

图 5-17 过渡中效果图

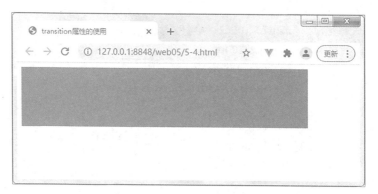

图 5-18 过渡后效果图

　　有时不只改变一个 CSS 属性的效果,而是想改变两个或者多个 CSS 属性的过渡效果,那么只要把几个 transition 的声明串在一起,用逗号(,)隔开,然后各自可以有各自不同的延续时间和其时间的速率变换方式。但需要注意一点:transition-delay 与 transition-duration的值都是时间,所以要区分它们在连写中的位置,一般浏览器会根据先后顺序决定,第一个可以解析为时间的值为 transition-duration,第二个为 transition-delay。

　　例如:

```
a {
    transition: background 0.5s ease-in , color 0.3s ease-out;
}
```

如果想给元素执行所有 transition 过渡效果,还可以利用 all 属性值来操作,此时涉及的属性共享同样的延续时间以及速率变换方式。

例如:

```
a {
    transition: all 0.5s ease-in;
}
```

注意: 使用 transition 属性时,要注意浏览器兼容性问题:Chrome 和 Safari 需要前缀"-webkit-";IE 9 需要前缀"-ms-";Firefox 需要前缀"-moz-"。

5.3.2　animation 动画属性

transition 属性可以实现动画过渡效果,但是略显粗糙,因为不能够精细地控制动画过程,比如仅能指定开始和结束两个状态的动画效果,而 animation 属性则可以结合@keyframes 定义的动画名称,更为细致地控制动画过渡过程。CSS 3 动画的实现可以分为 2 个步骤:使用@keyframes 定义的动画;使用 animation 属性调用动画。

注意: 使用 transition 属性和@keyframes 时,要注意浏览器兼容性问题:Chrome 和 Safari 需要前缀"-webkit-";IE 9 需要前缀"-ms-";Firefox 需要前缀"-moz-"。

1. @keyframes 介绍

@keyframes 翻译成中文,是"关键帧"的意思,它是实现动画的第一步。语法格式如下:

```
@keyframes animationname {
    keyframes-selector {
        /* CSS 样式 */
    }
}
```

其中,animationname 表示动画的名称;keyframes-selector 用来划分动画的时长,可以使用百分比形式,也可以使用"from"和"to"的形式。"from"和"to"的形式等价于 0% 和 100%。建议使用百分比形式。

下面两段代码展示了@keyframes 的两种使用情况。

代码 1:

```
@keyframes move{
    from {left:0px;}
    to {left:200px;}
}
```

以上代码使用@keyframes 定义了一个名为 move 的动画。from 设置元素在动画开始时的状态样式,to 设置元素在动画结束时的状态样式。

代码 2:

```
@keyframes theanimation{
0%{top:0px;left:0px;background:red;}
25%{top:0px;left:100px;background:blue;}
50%{top:100px;left:100px;background:yellow;}
75%{top:100px;left:0px;background:green;}
100%{top:0px;left:0px;background:red;}
```

以上代码使用百分比形式将动画时长进行了划分,并规定了在相应时刻元素的样式。@keyframes 只是声明动画,若想出现动画效果,需要和 animation 配合使用。

2. animation 属性介绍

animation 具有"动画"的意思,用来定义元素的动画效果,它是制作动画的第二步。CSS 3 提供的主要动画属性有 animation-name,animation-duration,animation-timing-function,animation-delay,animation-iteration-count,animation-direction,animation-play-state,animation 等。

(1) animation-name 属性

animation-name 属性用于规定元素所应用的动画名称,此名称是由@keyframes 定义的。语法格式如下:

```
animation-name : keyframename | none;
```

其中,keyframename 用于规定由@keyframe 定义的动画名称;none 表示不应用任何动画,通常用于覆盖或者取消动画。

(2) animation-duration 属性

animation-duration 属性用于设置完成动画所需要花费的时间。语法格式如下:

```
animation-duration : time;
```

其中,time 规定动画执行的时长,多数是以秒(s)或者毫秒(ms)为单位,默认值为 0,表示没有任何动画效果。

(3) animation-timing-function 属性

animation-timing-function 属性用来规定动画的速度曲线。语法格式如下:

```
animation-timing-function : linear | ease | ease-in | ease-out | ease-in-out;
```

其中,属性值及意义与 transition-timing-function 属性一致。

（4）animation-delay 属性

animation-delay 属性用于规定执行动画效果之前延迟的时间,即规定动画的开始时间。语法格式如下：

```
animation-delay:time;
```

其中,time 取值和 animation-duration 属性值 time 一致。

（5）animation-iteration-count 属性

animation-iteration-count 属性用于定义动画的播放次数。语法格式如下：

```
animation-iteration-count:infinite | number ;
```

其中,infinite 规定动画可以无限循环;number 明确指定动画循环的次数。

（6）animation-direction 属性

animation-direction 属性用于设置 animation 动画是否可以反向运动。语法格式如下：

```
animation-direction:normal | alternate ;
```

其中,normal 规定动画正常方向运行,是默认值;alternate 规定正常方向与反方向交替。

（7）animation-play-state 属性

animation-play-state 属性规定动画是运行还是暂停。语法格式如下：

```
animation-play-state: paused | running;
```

其中,paused 规定暂停动画;running 规定播放动画,是默认值。

（8）animation 属性

animation 属性是所有动画属性的简写属性,可以同时规定上述动画属性的取值。语法格式如下：

```
animation: animation-name animation-duration animation-timing-function animation-delay
animation-iteration-count animation-direction;
```

> **注意**：①使用 animation 属性时必须指定 animation-name 和 animation-direction 属性,其他属性可以省略。②如果持续的时间为"0",则不会播放动画。③animation-play-state 属性不使用 animation 简写。④如果提供多组属性值,以逗号进行分隔。

案例 5 - 5：animation 属性的使用。

代码如下：

```
<!DOCTYPE html>
<html>
```

```
<head>
    <meta charset = "utf-8">
    <title>animation 属性的使用</title>
    <style type = "text/css">
        div{
                width:100px;
                height:100px;
                background:red;
                position:relative;
                animation: move 4s infinite alternate;
        }
        @keyframes move{
                0 % {
                        top: 0;
                        left: 0;
                        background: red;
                }
                25 % {
                        top: 0;
                        left: 100px;
                        background: blue;
                }
                50 % {
                        top: 100px;
                        left: 100px;
                        background: yellow;
                }
                75 % {
                        top: 100px;
                        left: 0;
                        background: green;
                }
                100 % {
                        top: 0;
                        left: 0;
                        background: red;
                }
        }
        @keyframes move{
        0 % {top:0px;left:0px;background:red;}
        25 % {top:0px;left:100px;background:blue;}
        50 % {top:100px;left:100px;background:yellow;}
```

```
            75%{top:100px;left:0px;background:green;}
            100%{top:0px;left:0px;background:red;}
            }
        </style>
    </head>
    <body>
        <div></div>
    </body>
</html>
```

上面的代码将整个动画的总时间设置为 4 秒。@keyframes 定义了动画的 4 个阶段，0%～25%时间段将 left 属性值从 0 设置为 100 px，背景色从 red 转换为 blue；25%～50%，50%～75%和 75%～100%时间段也是同样的道理。动画能够实现无限循环和反向运动效果。运行代码，动画效果如图 5-19—图 5-22 所示。

图 5-19　动画初始状态

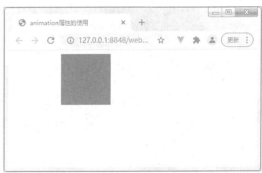

图 5-20　动画运行 1 秒效果图

图 5-21　动画运行 2 秒效果图

图 5-22　动画运行 3 秒效果图

如果要实现多组动画效果，动画之间以逗号(,)进行分隔。例如：

```
animation: firstanimation 5s infinite alternate, secondanimation 2s infinite
alternate;
```

以上代码一次性为 div 设置了 2 组动画属性，中间用逗号分隔。

项目 实现

小李在学习完这节项目知识后，决定对学院官网首页进一步优化。

1. 使用结构伪类选择器和伪元素选择器在标题末尾添加时间信息

在主要内容模块中，对右侧的新闻导航栏部分，可利用结构伪类选择器和伪元素选择器依次在标题末尾添加相应的时间信息。实现代码如下：

```css
main .main_top .main_top_right .body li:nth-child(1)::after {
    content:'2021/07/05';
}
main .main_top .main_top_right .body li:nth-child(2)::after {
    content:'2021/06/05';
}
main .main_top .main_top_right .body li:nth-child(3)::after {
    content:'2021/05/05';
}
main .main_top .main_top_right .body li:nth-child(4)::after {
    content:'2021/04/05';
}
main .main_top .main_top_right .body li:nth-child(5)::after {
    content:'2021/03/05';
}
main .main_bottom .main_bottom_right .body li:nth-child(1)::after {
    content:'2021/07/05';
}
main .main_bottom .main_bottom_right .body li:nth-child(2)::after {
    content:'2021/06/05';
}
main .main_bottom .main_bottom_right .body li:nth-child(3)::after {
    content:'2021/05/05';
}
main .main_bottom .main_bottom_right .body li:nth-child(4)::after {
    content:'2021/04/05';
}
main .main_bottom .main_bottom_right .body li:nth-child(5)::after {
    content:'2021/03/05';
}
```

运行上述代码，效果如图 5-23 所示。

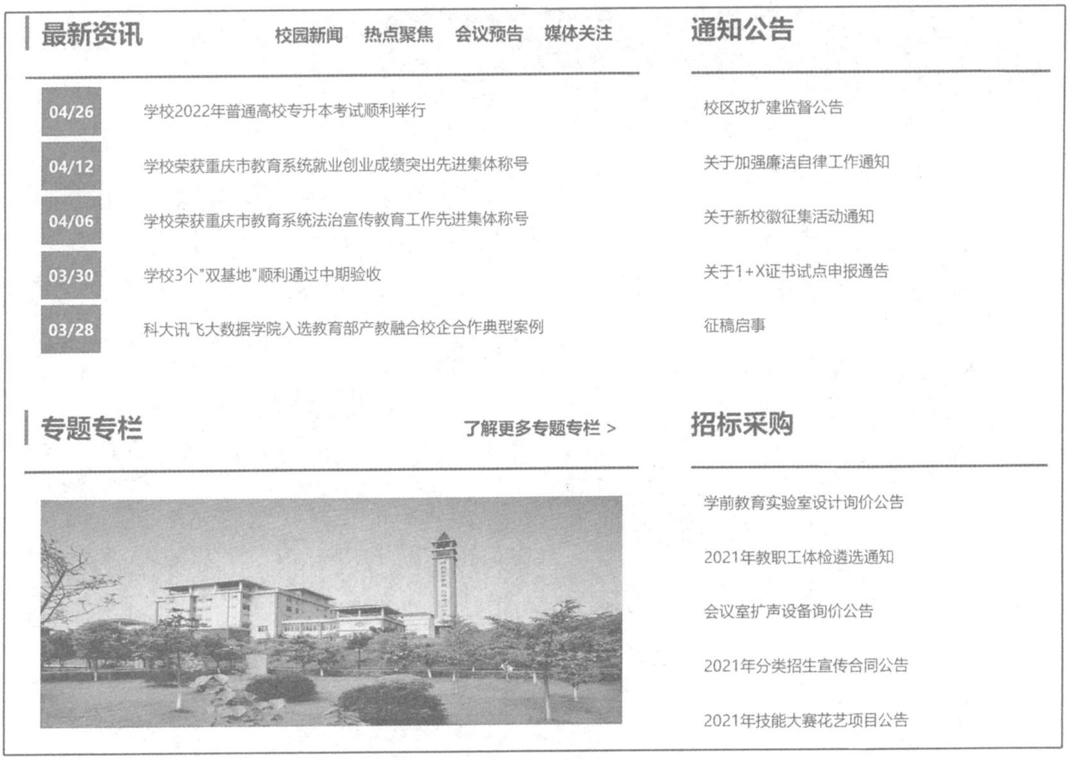

最新资讯 　　校园新闻　热点聚焦　会议预告　媒体关注　　　　**通知公告**

04/26　学校2022年普通高校专升本考试顺利举行	校区改扩建监督公告
04/12　学校荣获重庆市教育系统就业创业成绩突出先进集体称号	关于加强廉洁自律工作通知
04/06　学校荣获重庆市教育系统法治宣传教育工作先进集体称号	关于新校徽征集活动通知
03/30　学校3个"双基地"顺利通过中期验收	关于1+X证书试点申报通告
03/28　科大讯飞大数据学院入选教育部产教融合校企合作典型案例	征稿启事

专题专栏 　　　　　　　　　了解更多专题专栏 >　　　**招标采购**

学前教育实验室设计询价公告

2021年教职工体检遴选通知

会议室扩声设备询价公告

2021年分类招生宣传合同公告

2021年技能大赛花艺项目公告

图5－23　主要内容效果图

2. 使用过渡和动画等技术实现 banner 过渡和轮播图效果

banner 区域可以分为上下两部分,如图5－24所示,上部分区域一包含图片和指示器小圆点轮播效果,下部分区域二包含图片轮播和相应元素过渡效果。

① banner 上部分轮播图实现。

在区域一中,主要包括5张播放的大图,为了实现循环播放效果,需将第一张图片在末尾重复设置。实现代码如下:

```
<div class = "banner1">
    <div class = "banner-set">
    <div class = "bananer-content">
        <a href = "#"><img src = "img/banner/banner_01.jpg" alt = ""></a>
    </div>
    <div class = "bananer-content">
        <a href = "#"><img src = "img/banner/banner_02.jpg" alt = ""></a>
    </div>
    <div class = "bananer-content">
        <a href = "#"><img src = "img/banner/banner_03.jpg" alt = ""></a>
    </div>
    <div class = "bananer-content">
        <a href = "#"><img src = "img/banner/banner_04.jpg" alt = ""></a>
```

图 5‑24　banner 区域划分

```
        </div>
        <div class = "bananer-content">
            <a href = "#"><img src = "img/banner/banner_05.png" alt = ""></a>
        </div>
        <div class = "bananer-content">
            <a href = "#"><img src = "img/banner/banner_01.jpg" alt = ""></a>
        </div>
    </div>
</div>
```

在 banner.css 文件中设置轮播图样式。实现代码如下：

```
.banner1 {
    position: relative;
    width: 100 % ;
    height: 460px;
    overflow: hidden;
    margin: 0 auto;
}
.banner-set {
    width: 600 % ;
    height: 460px;
}
```

```
.bananer-content {
    width: 16.66%;
    height: 460px;
    float: left;
}
.bananer-content img {
    width: 100%;
    height: 100%;
}
```

接下来定义该区域的轮播动画。实现代码如下：

```
@keyframes round {
  0% {
      margin-left: 0px;
  }
  10% {
      margin-left: 0px;
  }
  20% {
      margin-left: -100%;
  }
  30% {
      margin-left: -100%;
  }
  40% {
      margin-left: -200%;
  }
  50% {
      margin-left: -200%;
  }
  60% {
      margin-left: -300%;
  }
  70% {
      margin-left: -300%;
  }
  80% {
      margin-left: -400%;
  }
  90% {
      margin-left: -400%;
```

```
    }

    100 % {
        margin-left: -500 % ;
    }
}
```

最后完成动画调用，设置动画周期时长 15 秒，匀速循环播放。实现代码如下：

```
.banner-set {
  width: 600 % ;
  height: 460px;
  animation: round 15s linear infinite;
}
```

接下来，给轮播图添加指示器小圆点。实现代码如下：

```
<div class = "banner1">
    <div class = "banner-set">
        <div class = "bananer-content">
            <a href = " # "><img src = "img/banner/banner_01.jpg" alt = ""></a>
        </div>
        …
    </div>
    <div class = "swiper">
        <div class = "dot">
            <span></span>
            <span></span>
            <span></span>
            <span></span>
            <span></span>
        </div>
    </div>
</div>
```

设置小圆点区域的样式，并为其添加轮播图相同周期的轮播图。实现代码如下：

```
.swiper {
    position: absolute;
    left: 50 % ;
    bottom: 30px;
    transform: translateX(-50 % );
    width: 180px;
    height: 35px;
    border-radius: 25px;
```

```css
        background: rgba(0,0,0,.6);
    }
    .dot {
        position: absolute;
        left: 50%;
        top: 50%;
        transform: translate(-45%,-50%);
        width: 150px;
        height: 12px;
        list-style: none;
        z-index: 2;
    }
    .dot span {
        float: left;
        width: 12px;
        height: 12px;
        border-radius: 50%;
        background-color: #fff;
        margin-right: 18px;
    }
    .dot::after {
        content: "";
        width: 12px;
        height: 12px;
        border-radius: 50%;
        background: #B10606;
        position: absolute;
        left: 0;
        top: 0;
        z-index: 1;
        animation: round_dot 15s steps(5) infinite;
    }
    @keyframes round_dot {
        to {
            transform: translateX(150px);
        }
    }
```

运行上述代码,效果如图 5-25 所示。

图 5‑25　轮播图区域一效果图

② banner 下部分轮播图和过渡效果实现。

在 banner 区域二中,包含了 5 个新闻小模块,为了实现循环轮播效果,需要在结构中重复一遍。代码如下:

```
<div class = "banner2">
    <ul>
      <li>
        <div class = "text1">比赛</div>
        <img src = "img/banner/banner2-01.jpg" />
        <div class = "text2">
              <p>学校成功举办第四届辅导员素质能力大赛决赛</p>
              <span class = "date">2022-6-2</span>
              <span class = "more">了解详情</span>
          </div>
      </li>
      <li>
        <div class = "text1">合作</div>
        <img src = "img/banner/banner2-02.jpg" />
        <div class = "text2">
              <p>重庆城市职业学院联合牵头成立全国人工智能行业产教融合共同体
</p>
              <span class = "date">2022-5-2</span>
              <span class = "more">了解详情</span>
        </div>
      </li>
      <li>
        <div class = "text1">育人</div>
        <img src = "img/banner/banner2-03.jpg" />
        <div class = "text2">
              <p>点燃匠心,人人出彩——商学院着力打造"一核多元"全方位育人...
</p>
```

```
            <span class = "date">2022-4-2</span>
            <span class = "more">了解详情</span>
        </div>
    </li>
    <li>
        <div class = "text1">攻坚</div>
        <img src = "img/banner/banner2-04.jpg" />
        <div class = "text2">
            <p>学校召开"双高"攻坚主题年重点任务推进会</p>
            <span class = "date">2022-3-2</span>
            <span class = "more">了解详情</span>>
        </div>
    </li>
    <li>
        <div class = "text1">喜报</div>
        <img src = "img/banner/banner2-05.jpg" />
        <div class = "text2">
            <p>学校4门课程成功认定为市级精品高等职业教育在线课程</p>
            <span class = "date">2022-2-2</span>
            <span class = "more">了解详情</span>
        </div>
    </li>
<li>
        <div class = "text1">比赛</div>
        <img src = "img/banner/banner2-01.jpg" />
        <div class = "text2">
            <p>学校成功举办第四届辅导员素质能力大赛决赛</p>
            <span class = "date">2022-6-2</span>
            <span class = "more">了解详情</span>
        </div>
    </li>
    <li>
        <div class = "text1">合作</div>
        <img src = "img/banner/banner2-02.jpg" />
        <div class = "text2">
            <p>重庆城市职业学院联合牵头成立全国人工智能行业产教融合共同体</p>
            <span class = "date">2022-5-2</span>
            <span class = "more">了解详情</span>
        </div>
    </li>
```

```
      <li>
          <div class = "text1">育人</div>
          <img src = "img/banner/banner2-03.jpg" />
          <div class = "text2">
              <p>点燃匠心,人人出彩——商学院着力打造"一核多元"全方位育人...</p>
              <span class = "date">2022-4-2</span>
              <span class = "more">了解详情</span>
          </div>
      </li>
      <li>
          <div class = "text1">攻坚</div>
          <img src = "img/banner/banner2-04.jpg" />
          <div class = "text2">
              <p>学校召开"双高"攻坚主题年重点任务推进会</p>
              <span class = "date">2022-3-2</span>
              <span class = "more">了解详情</span>
          </div>
      </li>
      <li>
          <div class = "text1">喜报</div>
          <img src = "img/banner/banner2-05.jpg" />
          <div class = "text2">
              <p>学校 4 门课程成功认定为市级精品高等职业教育在线课程</p>
              <span class = "date">2022-2-2</span>
              <span class = "more">了解详情</span>
          </div>
      </li>
    </ul>
 </div>
```

设置该区域的布局样式,实现代码如下:

```css
.banner2 {
    width: 100%;
    background-color: #4787E9;
    overflow: hidden;
}
.banner2 ul {
    width: 3000px;
}
.banner2 li {
    width: 240px;
```

```
        height: 200px;
        float: left;
        margin: 60px 30px;
        color: white;
        overflow: hidden;
        position: relative;
    }
    .banner2 img {
        width: 100％;
    }
    .banner2 .text2 {
        margin-top: 10px;
        width: 240px;
        height: 50px;
        position: absolute;
        left: 0;
        bottom: 0;
    }
    .banner2 .text2 p {
        margin-top: 10px;
    }
    .banner2 .text1 {
        width: 0;
        height: 0;
        background-color: ＃B10606;
        position: absolute;
        left: 0;
        top: 0;
        overflow: hidden;
        transition: all .5s;
        text-align: center;
        line-height: 40px;
        font-weight: 700;
    }
    .banner2 li:hover .text1 {
        width: 40px;
        height: 40px;
    }
    .date {
        float: left;
        font-size: 12px;
        margin-top: 30px;
```

```
    }
    .more{
        float: right;
        font-size: 12px;
        margin-top: 30px;
    }
```

设置该区域鼠标经过样式,并添加过渡效果。实现代码如下:

```
.banner2 li {
    width: 240px;
    height: 200px;
    float: left;
    margin: 60px 30px;
    color: white;
    overflow: hidden;
    position: relative;
    transition: all 2s;
}
.banner2 li:hover {
    transform: scale(1.2);
}
.banner2 .text2 {
    margin-top: 10px;
    width: 240px;
    height: 50px;
    position: absolute;
    left: 0;
    bottom: 0;
    transition: all 2s;
}
.banner2 li:hover .text2 {
    height: 120px;
    background-image: linear-gradient(rgba(39,114,205,0.5),rgba(39,114,205,1));
}
```

最后为该区域添加循环播放动画。实现代码如下:

```
.banner2 ul {
    width: 3000px;
    animation: round_2 15s infinite;
}
@keyframes round_2 {
```

```
    0 % {
        transform: translateX(0);
    }
    15 % {
        transform: translateX(0);
    }
    20 % {
        transform: translateX(-300px);
    }
    35 % {
        transform: translateX(-300px);
    }
    40 % {
        transform: translateX(-600px);
    }
    55 % {
        transform: translateX(-600px);
    }
    60 % {
        transform: translateX(-900px);
    }
    75 % {
        transform: translateX(-900px);
    }
    80 % {
        transform: translateX(-1200px);
    }
    95 % {
        transform: translateX(-1200px);
    }
    100 % {
        transform: translateX(-1500px);
    }
}
```

运行上述代码,效果如图 5 - 26 所示。

项目 拓展

应用 CSS 3 技术设计完成官网首页和学院网站二级页面"校园新闻"的校训轮播图效果。动画共计 6 秒,初始效果如图 5 - 27 所示,2 秒后的页面效果如图 5 - 28 所示,4 秒左右的页面效果如图 5 - 29 所示。

图 5-26　轮播图区域二效果图

图 5-27　校训轮播效果图 1

图 5-28　校训轮播效果图 2

图 5-29　校训轮播效果图 3

1. 添加校训轮播图的结构代码

在头部模块区域二中添加 3 张校训文字图片。实现代码如下：

```html
<div class = "header_middle">
  <div class = "center">
    ...
      <div class="xiaoxun">
          <img src="img/header/header_xiaoxun.png" alt="">
          <img src="img/header/header_xiaoxun2.png" alt="">
          <img src="img/header/header_xiaoxun3.png" alt="">
      </div>
    </div>
</div>
```

2. 设置校训轮播图的布局样式

设置该区域布局样式，使用定位的方式将 3 张图片定位到同一区域。实现代码如下：

```css
.center .xiaoxun img {
    position: absolute;
    right: 0;
    top: 0;
    opacity: 0;
}
```

3. 实现动画效果

定义该区域轮播动画。实现代码如下：

```css
@keyframes move{
    0 % {
            opacity: 1;
    }
    20 % {
            opacity: 1;
    }
    33 % {
            opacity: 0;
    }
    100 % {
            opacity: 0;
    }
}
```

最后调用该动画，同时为第二张和第三张图分别设置 2 秒和 4 秒延迟。实现代码如下：

```css
.center .xiaoxun img {
    position: absolute;
    right: 0;
    top: 0;
    opacity: 0;
    animation: move 6s infinite;
}
.center .xiaoxun img:nth-child(2){
    animation-delay: 2s;
}
.center .xiaoxun img:nth-child(3){
    animation-delay: 4s;
}
```

项目 小结

本项目通过对 CSS 3 高级技术的介绍,引入了高级选择器、转换、过渡与动画等知识,最后通过对实例的学习,利用所学知识实现元素过渡、网页轮播图等效果。

项目 训练

利用过渡和动画等技术实现信息与智能制造学院网站主页 banner 中轮播图(图 5 - 30)效果。动画效果如网页 https://xxx.cqcvc.edu.cn/所示。

图 5 - 30　banner 轮播图

实现官网表单设计与制作 //////////////////////////////

能力目标	(1) 能根据用户需要选择恰当的表单元素； (2) 能根据表单页面效果,设计表单并编写 CSS 3 表单的样式
知识目标	(1) 了解表单的基本概念； (2) 掌握表单的组成； (3) 掌握表单控件的使用方法； (4) 掌握新增的表单控件和属性
职业素质 目标	通过表单相关控件讲解,引导学生注重用户体验,具有服务用户的意识

项目 描述

　　一个完整的网站通常会有登录、注册、搜索等页面功能,小李在完成学校首页的动态效果后,打算继续完成首页搜索框的设计与制作,完善首页界面。因此,小李需要学习 HTML 5 中表单的相关知识。

　　本任务的具体要求如下:

　　(1) 制作首页和二级页面的搜索框。

　　(2) 制作登录、注册页面。

知识 准备

6.1 表 单 基 础

6.1.1 表单简介

　　表单是 HTML 的重要组成部分,它可以接收用户输入的信息,然后将其发送到后端应用程序(PHP,Java,Python 等),后端应用程序将根据定义好的业务逻辑对表单传递来的数据进行处理。

表单中包含输入框、复选框、单选按钮、提交按钮等不同的表单控件,用户通过修改表单中的元素(如输入文本,选择某个选项等)来完成表单,通过表单中的提交按钮将表单数据提交给后端程序。例如要通过网页来收集一些用户的信息(如用户名、密码、电话、邮箱地址等)时,就需要用到 HTML 表单。

在 HTML 中创建表单需要用到<form>标签。语法格式如下:

```
<form action = "url" method = "get|post">
    <!-- 表单中的其他标签 -->
</form>
```

其中,action 属性用来指明将表单提交到哪个文件(一般用后端应用程序编写),即文件路径;method 属性表示使用哪种方式提交数据,包括 get 和 post 两种方式。

get 和 post 两者的区别如下:

使用 get 方式,用户点击提交按钮后,提交的信息会被显示在页面的地址栏中。一般情况下,使用 get 提交方式中不建议包含密码,因为密码被提交到地址栏,不安全。

使用 post 方式,表单数据会和 url 分开发送,不显示在地址栏中,相对安全。如果表单包含密码这种敏感信息,建议使用 post 方式进行提交。

<form>标签主要是规定了一个区域,在网页浏览时不显示。

6.1.2　表单控件

表单用来收集用户数据,这些数据需要填写在各种控件中。HTML 控件通过标签来实现,它们会呈现一些特殊的外观,并具有一定交互功能。表单中常用的元素有<input>,<select>,<textarea>,<label>等,如表 6-1 所示。

表 6-1　表单中的元素

表单元素	描　　述
<input>	定义输入表单元素
<textarea>	定义文本域(一个可以输入多行文本的控件)
<label>	为表单中的各个控件定义标题
<select>	定义下拉列表
<option>	定义下拉列表中的选项
<button>	定义一个可以点击的按钮

1. <input>元素

<input>是 HTML 中最重要的表单元素,它可以生成文本框、密码框、单选框、复选框、按钮等控件。语法格式如下:

```
<input type="控件类型" name="控件名称">
```

根据不同的 type 属性,<input>元素有很多形态,如表 6-2 所示。

表 6-2 type 属性值

type 属性值	描 述
text	单行文本输入框
password	密码输入框(输入的文字用 * 表示)
radio	单选按钮
checkbox	复选框
hidden	隐藏域
file	文件域
button	普通按钮
submit	提交按钮
reset	重置按钮
image	图片提交按钮

除了 type 属性,<input>元素还有一些常用属性,如表 6-3 所示。

表 6-3 <input>元素其他常用属性

属 性	值	描 述
checked	checked	checked 属性规定在页面加载时应该被预先选定的 <input>元素(只针对 type="checkbox" 或者 type="radio")
disabled	disabled	disabled 属性规定应该禁用的 <input>元素
maxlength	number	maxlength 属性规定 <input>元素中允许的最大字符数
name	text	name 属性规定 <input>元素的名称
readonly	readonly	readonly 属性规定输入字段是只读的
size	number	size 属性规定以字符数计的 <input>元素的可见宽度
src	URL	src 属性规定显示为提交按钮的图像的 URL(只针对 type="image")
value	text	指定 <input>元素 value 的值

2. <textarea>元素

<textarea>元素可生成多行文本输入框控件,主要用于输入较长的文本信息。语法格式如下:

```
<textarea name="textfield_name" cols="value" rows="value" value="textfield_value">
```

```
        …
    </textarea>
```

其中,name 属性设置多行输入框的名称;rows 属性设置多行输入框的行数;cols 属性设置多行输入框的宽度(列数);value 属性设置多行输入框的默认值。

3. <select>元素

<select>元素可创建单选或多选菜单,通过<select>和<option>标签可以设计页面中的下拉列表框和列表框效果。语法格式如下:

```
<select>
        <option selected = "selected">选项 1</option>
        <option >选项 2</option>
        …
    </select>
```

其中,selected 属性设置默认选择项,其属性名和属性值一致(此时可省略属性值)。

<select>元素默认形态是下拉列表框,这是一种最节省空间的方式,正常状态下只能看到一个选项,单击下拉按钮打开列表后才能看到全部选项;当<select>元素设置 multiple 属性时,显示为列表框,此状态下可展示更多的选项。

这里不再一一列举各种元素的用法,下面通过一个完整的案例来演示表单元素的用法。

案例 6-1:表单元素的使用。

代码如下:

```
<!DOCTYPE html>
<html>
<head>
    <meta charset = "utf-8">
    <title>表单元素的使用</title>
    <style type = "text/css">
        * {
            padding: 0;
            margin: 0;
        }
        .regist{
            /* width: 550px; */
            padding: 20px;
            margin: 20px auto;
            border: 1px solid #e0e0e0;
        }
        .regist div{
            width: 550px;
            margin: 20px 0;
```

```
        overflow: hidden;
    }
    .regist div label{
        width: 200px;
        height: 20px;
        line-height: 20px;
        color: #606060;
        text-align: right;
        float: left;
    }
    .regist div input{
        width: 140px;
        height:20px;
        float: left;
    }
    .regist div input[type = "radio"], .regist div input[type = "checkbox"]{
        width:40px;
        height:20px;
    }
    .regist div select{
        width: 140px;
        height: 25px;
    }
    .regist div textarea {
        width: 300px;
        height: 80px;
    }
    .special{
        width: 40px ! important;
    }

    .regist input # submit, input # reset, input # cancel {
        width: 60px;
        height: 30px;
        font-size: 16px;
        margin-right: 10px;
        line-height: 30px;
        text-align: center;
    }
    .regist input # submit{
        margin-left:200px;
    }
```

```html
            </style>
    </head>
    <body>
        <div class = "regist">
            <form action = "#" method = "post" id = "user_form">
                <!--用户名和密码区域-->
                <div >
                    <label>用户名:</label>
                    <input type = "text" name = "username">
                </div>
                <div >
                    <label>密码:</label>
                    <input type = "password" name = "pwd">
                </div>
                <!--单选按钮区域-->
                <div>
                    <label>性别:</label>
                    <input type = "radio" value = "男" checked = "checked" name = "sex"
id = "man">
                    <label class = "special">男</label>
                    <input type = "radio" value = "女" name = "sex" id = "female">
                    <label class = "special">女</label>
                </div>
                <!--复选框区域-->
                <div >
                    <label>您的兴趣爱好是:</label>
                    <label for = "checkbox1" class = "special">音乐</label>
                    <input type = "checkbox" name = "checkbox" value = "music" id = "
checkbox1">
                    <label for = "checkbox2" class = "special">绘画</label>
                    <input type = " checkbox" name = " checkbox" checked value = "
drawing" id = "checkbox2">
                    <label for = "checkbox3" class = "special">舞蹈</label>
                    <input type = "checkbox" name = "checkbox" value = "dancing" id = "
checkbox3">
                    <label for = "checkbox4" class = "special">书法</label>
                    <input type = "checkbox" name = "checkbox" value = "shufa" id = "
checkbox4">
                </div>
                <!--下拉框区域-->
                <div>
```

```
        <label for = "school">所在区域:</label>
        <select name = "school">
            <option selected = "selected">----------</option>
            <option value = "cq">重庆</option>
            <option value = "sc">四川</option>
        </select>
    </div>
    <!--文本域区域-->
    <div>
        <label>个人简介:</label>
        <textarea >请在这里描述您的个人简介</textarea>
    </div>
    <!-- 按钮区域 -->
    <div>
        <input type = "submit" id = "submit" value = "提交">
        <input type = "reset" id = "reset" value = "重置">
        <input type = "button" id = "cancel" value = "取消">
    </div>
    </form>
    </div>
</body>
</html>
```

上述代码中定义了各种表单控件,运行代码,效果如图6-1所示。

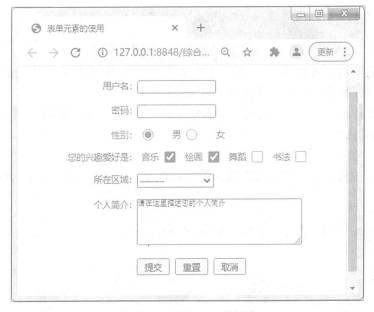

图6-1　案例6-1效果图

填写好用户数据,点击"提交"按钮,即可使用 post 方式将数据提交到相应页面。

 ## HTML 5 中新增的表单控件和属性

6.2.1 新增的表单控件

在 HTML 5 中新增的表单控件主要是通过 <input> 元素的 type 属性来实现的,下面介绍常用的新增控件。

1. email 控件

email 是一种专门用于输入 E-email 地址的文本输入框,在包含 E-mail 元素的表单提交时,能自动验证 E-email 域的值是否符合邮件地址格式。语法格式如下:

```
<input type = "email" name = "email _name" />
```

2. url 控件

url 是一种专门用于输入 url 地址的文本输入框,和 email 类似,表单提交时,会自动验证 url 控件值的格式。语法格式如下:

```
<input type = "url " name = "url _name" />
```

3. number 控件

number 用于提供输入数值的文本框,在提交表单时,会自动检查该输入框中的内容是否为数字。语法格式如下:

```
<input type = "number" name = "number _name" value = "value" min = "value" max = "value" setp = "value" />
```

其中,max 指定输入框可以接受的最大输入值;min 指定输入框可以接受的最小输入值;step 输入域合法的间隔,如果不设置,默认值是 1。

number 控件的输入框可以对输入的数字进行限制,规定允许的最大值和最小值、合法的数字间隔或默认值等。

4. range 控件

range 用于设置包含一定范围内数字值的输入域,在网页中显示为滑动条。语法格式如下:

```
<input type = "range" name = "range_name" value = "value" min = "value" max = "value" setp = "value" />
```

range 属性设置与 number 类似。

5. search 控件

search 控件用于展示一个文本框和一个搜索按钮。语法格式如下:

```
<input type = "search" name = " search_name" />
```

search 常用于展示站点搜索和网站内搜索。

6. color 控件

color 控件用于选择颜色,实现一个 RGB 颜色值的输入。语法格式如下:

```
<input type = "color " name = " color_name" />
```

7. tel 控件

tel 控件用于输入电话号码,通常会和 pattern 属性配合使用。语法格式如下:

```
<input type = "tel " name = "tel_name" />
```

8. 日期数据相关控件

日期数据(date pickers)类型是指时间日期类型,HTML 5 中提供了多个可供选取日期和时间的输入类型。

Date:选取日、月和年。

Month:选取月、年。

Week:选取周和年。

Time:选取时间(小时和分钟)。

Datetime:选取时间、日、月和年(UTC 时间)。

Datetime-local:选取时间、日、月和年(本地时间)。

在 input 元素中,分别通过 type 设置相应的类别即可。语法格式如下:

```
<input type = "日期数据类型" name = " Date_name" />
```

案例 6 - 2:新增表单控件的使用。

在案例 6 - 1 中新增代码如下:

```html
<!-- 新增控件区域 -->
<div>
    <label>E-mail:</label>
    <input type = "email" name = "email_name" />
</div>
<div>
    <label>个人主页网址:</label>
    <input type = "url" name = "url_name" />
</div>
<div>
    <label>年龄:</label>
    <input type = "number" name = "number_name" value = "18" min = "15" max = "30"/>
```

```
    </div>
    <div>
        <label>出生日期:</label>
        <input type = "date" name = "date"/>
    </div>
    <div>
        <label>最喜欢的颜色:</label>
        <input type = "color" name = "color_name"/>
    </div>
    <div>
        <label>手机号码:</label>
        <input type = "tel" name = "tel_name"/>
    </div>
```

运行上述代码,效果如图 6-2 所示。

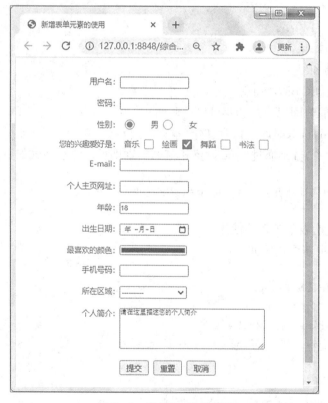

图 6-2　案例 6-2 效果图

6.2.2　新增的表单属性

1. form 新增属性

form 元素新增属性常用的有 2 个:autocomplete 属性和 novalidate 属性。

（1）autocomplete 属性

autocomplete 属性用于指定表单是否有自动完成功能。"自动完成"是指将表单控件输入的内容记录下来,当再次输入时,会将输入的历史记录显示在一个下拉列表里,以实现自动完成输入。

其属性值有 2 个:on 表示表单有自动完成功能,是默认值;off 表示表单无自动完成功能。

（2）novalidate 属性

novalidate 属性用于在提交表单时取消对表单进行有效的检查,可以通过该属性,关闭form 内所有表单控件的验证。其值和属性名相同,在书写时可省略属性值,只写属性名。例如:

```
<form action = "#"   method = "post" novalidate >
```

> **注意**:在 HTML 5 中,凡是属性值和属性名相同的属性均适用上述简写形式,只写属性名。这种类型的属性主要有 checked,disabled,autofocus,readonly,required 等。

2. 新增的 input 属性

新增的 input 属性主要有 autofocus,multiple,placeholder,required 等。

（1）autofocus 属性

autofocus 属性用于规定页面加载后是否自动获取焦点,比如在进行登录注册时,用户名输入框会自动获得焦点,以便用户输入,提高用户体验。其值和属性名相同。

（2）multiple 属性

multiple 属性规定是否可以选择或输入多个值,其值和属性名相同。具体用法有如下三种情况:

① multiple 属性用于 select 元素,表示可以选择多个值。

② multiple 属性用于 email 类型的 input 元素时,表示可以向文本框中输入多个 E-mail地址,多个地址之间通过逗号(,)隔开。

③ multiple 属性用于 file 类型的 input 元素时,表示可以选择多个文件。

（3）placeholder 属性

placeholder 属性用于为 input 类型的输入框和 textarea 多行文本输入框提供相关提示信息,以描述输入框期待用户输入何种内容。在输入框为空时显式出现,而当输入框获得焦点时则会消失。

（4）required 属性

required 属性用于规定必须在提交表单之前填写输入字段。在默认情况下,输入元素不会自动判断用户是否在输入框中输入了内容,如果开发者要求输入框的内容是必须填写的,那么需要为 input 元素指定 required 属性。其值和属性名相同。

案例 6 - 3:新增表单属性的使用。

代码如下:

```html
<!DOCTYPE html>
<html>
<head>
    <meta charset = "utf-8">
    <title>新增表单属性的使用</title>
    <style type = "text/css">
            * {
                    padding: 0;
                    margin: 0;
            }
            div{
                    width: 550px;
                    margin: 20px 0;
                    overflow: hidden;
            }
            label{
                    width: 200px;
                    height: 20px;
                    line-height: 20px;
                    color: #606060;
                    text-align: right;
                    float: left;
            }
            input{
                    width: 140px;
                    height:20px;
                    float: left;
            }
            #submit{
                    width: 60px;
                    height: 30px;
                    margin-left:200px;
            }

    </style>
</head>
<body>
    <form action = "#" method = "post" id = "user_form" autocomplete = "on">
            <div>
                    <label>用户名:</label>
                    <input type = "text" name = "username" placeholder = "请输入您的
用户名" autofocus>
```

```
        </div>
        <div >
                <label>密码:</label>
                <input type = "password" name = "pwd" placeholder = "请输入您的
密码" required>
        </div>
        <div>
                <label>E-mail:</label>
                <input type = "email" name = "email_name" multiple/>
        </div>
        <div>
                <input type = "submit" id = "submit" value = "提交">
        </div>
    </form>
  </body>
  </html>
```

在上述代码中,在表单 form 中设置了 autocomplete="on",用户名和密码框设置了 placeholder 属性,提醒用户输入内容,同时在用户名输入框设置了 autofocus 属性,使得用户名框可以自动获得焦点,效果如图 6-3 所示。在密码框设置了 required 属性,可以验证用户是否输入密码,直接点击提交按钮,效果如图 6-4 所示。在 E-mail 输入框设置了 multiple 属性,允许用户输入多个邮箱,效果如图 6-5 所示。

图 6-3　新增表单属性的使用效果图 1

项目 实现

小李在学习完表单相关知识后,决定完成学校首页搜索框的设计与制作。

1. 制作搜索框的结构

在头部导航模块区域中,添加右侧搜索栏表单。HTML 5 代码如下:

图 6-4　新增表单属性的使用效果图 2

图 6-5　新增表单属性的使用效果图 3

```
/* 搜索栏 */
<div class = "search">
    <form>
        <input type = "text" placeholder = "请输入你要查询的关键字">
        <button type = "submit"></button>
    </form>
</div>
```

运行上述代码,效果如图 6-6 所示。

图 6-6　搜索框的结构

2. 实现搜索框的美化

在 header.css 文件中添加相应的样式。实现代码如下:

```css
.header_top .search input {
    padding: 0 15px;
    width: 200px;
    height: 30px;
    line-height: 30px;
    border-radius: 15px;
    outline: none;
}
.header_top .search input::placeholder {
    font-size: 14px;
    color: #012269;
}
.header_top .search button {
    background-color: #012269;
    border: 0;
}
.header_top .search button::before {
    content: "\f002";
    font-family: 'FontAwesome';
    color: #fff;
    font-size: 14px;
}
```

运行上述代码,效果如图 6-7 所示。

图 6-7 搜索框的美化效果图

项目 拓展

几乎每个网站都有登录界面,学校智慧校园也不例外。下面综合应用 HTML 5 表单与 CSS 3 设计制作学校智慧校园登录页面,效果如图 6-8 所示。

1. 页面结构分析

对图 6-8 进行分析,整个页面有一个大的容器,容器内包含了学校标识和登录表单两部分,表单内包含系列表单控件,每组控件外层由一个 div 容器构成,控件由 input 元素生成。

图 6-8　智慧校园登录页面效果图

2. HTML 5 结构代码设计

通过对网页结构的分析,编写代码如下:

```html
<div class = "main">
    <div class = "logo">
            <img src = "img/logo. png" />
    </div>
    <div class = "login">
            <form action = "#" class = "top" autocomplete = "on">
                <h2>账号密码登录</h2>
                <div>
                    <img src = "img/user. png" />
                    <input type = " text" placeholder = " 用 户 名" id = "user"
autofocus required/>
                </div>
                <div>
                    <img src = "img/psd. png" />
                    <input type = " password" placeholder = " 密 码" id = "psd"
required/>
                </div>
                <div>
                    <img src = "img/yzm. png" id = "yzmimg1"/>
                    <input type = " text" placeholder = " 验 证 码" id = " yzm"
required/>
                    <img src = "img/yzm1. jpg" id = "yzmimg2"/>
                </div>
                <div class = "loginBtn">
                    <input type = "submit" value = "登录" id = "btn"/>
                </div>
            </form>
            <div class = "bottom">
```

```
            <span>其他登录方式</span>
            <img src = "img/qq.png"/>
            <img src = "img/weixin.png"/>
            <img src = "img/zfb.png"/>
            <a href = "#">忘记密码?</a>
        </div>
    </div>
</div>
```

代码中,为所有输入框都设置了 placeholder 和 required 属性,为用户名输入框额外设置了 autofocus 属性。

3. CSS 3 样式设计

根据页面效果,使用 CSS 3 技术对页面进行布局美化。实现代码如下:

```
* {
    margin: 0;
    padding: 0;
}
.main{
    width: 100%;
    height: 821px;
    background: url(../img/bj.png) no-repeat;
    background-size: cover;
    position: relative;
}
.logo{
    position: absolute;
    top: 50px;
    left: 170px;
}
.logo img{
    width: 120%;
}
.login{
    width: 322px;
    background: rgba(0,0,0,0.5);
    padding: 30px 20px 40px 20px;
    position: absolute;
    right: 350px;
    bottom: 200px;
    border-radius: 15px;
```

```css
}
.login h2{
    font-size: 16px;
    color: white;
    font-weight: lighter;
    padding: 0 0 18px 40px;
    border-bottom: 4px solid #5bb7fa;
    margin-bottom: 30px;
}
.login form div{
    margin-bottom: 12px;
    height: 40px;
    background: white;
    border-radius: 5px;
    line-height: 40px;
}
input{
    height: 30px;
    border: none;
}
/* 取消获取焦点后的默认样式 */
input:focus{
    outline: none;
}
#user, #psd{
    width: 280px;
}
#yzm{
    width: 150px;
}
#yzmimg2{
    width: 98px;
    height: 38px;
    float: right;
}
.loginBtn{
    margin-top: 20px;
}
#btn{
    width: 100% ;
    height: 100% ;
```

```
        background: #5BB7FA;
        font-size: 18px;
        color: white;
        border-radius: 5px;
    }
    .bottom span{
        color: white;
    }
    .bottom img{
        width: 25px;
        /* height: 20px; */
    }
    .bottom *{
        float: left;
        margin-right: 5px;
    }
    .bottom a{
        text-decoration: none;
        color: white;
        float: right;
    }
```

运行代码,页面效果如图6-8所示。

项目 小结

本项目学习了表单的相关知识,包括表单组成、表单控件、控件属性以及新增控件和属性。通过所学知识和系列实例,达到应用表单技术实现表单页面制作的目的。

项目 训练

利用表单技术,编写HTML5和CSS3代码,完成如下任务。
(1)完善信息与智能制造学院网站主页,制作头部搜索表单,效果如图6-9所示。

图6-9　头部表单效果图

（2）按图 6 - 10 所示效果，设计并制作注册表单。

图 6 - 10　注册表单效果图

实现学校官网视频展示 //////////////////////////////

能力目标	(1) 会使用视频和音频标签； (2) 能编写 HTML 5 代码在网页中添加音视频
知识目标	(1) 了解音视频基本格式； (2) 掌握在 HTML 5 中插入视频的方法； (3) 掌握在 HTML 5 中插入音频的方法
思政与育人目标	(1) 通过音视频多媒体讲解，引导学生正确获取网络资源； (2) 通过 source 元素讲解，引导学生养成未雨绸缪的良好习惯

项目 描述

　　小李在完成官网首页的设计与制作后，信心大增，前端工程师老王建议他在学校页面中添加一些视频，丰富网页内容。因此小李需要学习关于 HTML 5 中音视频的相关知识。

　　本任务的具体要求如下：编写 HTML 5 代码实现官网首页中视频展示。

知识 准备

 音视频对象基本知识

　　HTML 5 提供了<video>和<audio>标签在网页中插入视频、音频，此方法简单易用，但需要正确选择视频和音频的格式。

7.1.1　视频格式

　　在 HTML 5 中嵌入视频的格式主要包括 Ogg,MP4,WebM 等。

　　Ogg 格式：带有 Theora 视频编码和 Vorbis 音频编码的 Ogg 文件。

MP4 格式:带有 H.264 视频编码和 AAC 音频编码的 MPEG4 文件。

WebM 格式:带有 VP8 视频编码和 Vorbis 音频编码的 WebM 文件。

目前主流浏览器对三种视频格式的支持如表 7-1 所示。

表 7-1　浏览器对视频格式的支持情况

浏览器	MP4	WebM	Ogg
Internet Explorer	支持	不支持	不支持
Chrome	支持	支持	支持
Firefox	支持	支持	支持
Safari	支持	不支持	不支持
Opera	支持(从 Opera 25 起)	支持	支持

7.1.2　音频格式

在 HTML 5 中嵌入的音频格式主要包括 Vorbis,MP3,WAV 等。

Vorbis 格式:类似 AAC 的另一种免费、开源的音频编码,是用于代替 MP3 的下一代音频压缩技术。

MP3 格式:一种音频压缩技术,被设计用来大幅度地降低音频数据量。

WAV 格式:录音时用的标准的 Windows 文件格式,数据本身的格式为 PCM 或压缩型,属于无损音乐格式的一种。

目前主流浏览器对三种音频格式的支持如表 7-2 所示。

表 7-2　浏览器对音频格式的支持情况

浏览器	MP3	WAV	Vorbis
Internet Explorer 9 以上	支持	不支持	不支持
Chrome 6 以上	支持	支持	支持
Firefox 3.6 以上	支持	支持	支持
Safari 5 以上	支持	支持	不支持
Opera 10 以上	支持	支持	支持

 7.2　插入视频和音频对象

7.2.1　HTML 5 插入视频

在 HTML 5 中,video 标签用于定义播放视频文件的内容、标准以及相应的属性,它支持的三种视频格式分别是 Ogg,MP4 和 WebM。其基本的语法格式如下:

```
<video src = "视频 URL" controls = "controls"></video>
```

其中,src 属性用于设置视频文件的路径;controls 属性用于为视频提供播放控件。这两个是基本属性,video 元素的常见属性如表 7-3 所示。

表 7-3　video 元素的常见属性

属性	值	描　　述
autoplay	autoplay	当页面载入完成后自动播放视频
loop	loop	视频结束时重新开始播放
preload	preload	如果出现该属性,则视频在页面加载时进行加载,并预备播放。如果使用"autoplay",则忽略该属性
poster	url	当视频缓冲不足时,该属性值链接一个图像,并将该图像按照一定的比例显示出来

为了应对不同的浏览器,可以运用 source 元素为 video 元素提供多个备用文件。代码如下:

```
<video controls = "controls">
    <source src = "视频路径" type = "video/mp4"></source>
    <source src = "视频路径" type = "video/ogg"></source>
    <source src = "视频路径" type = "video/webm"></source>
</video>
```

案例 7-1:使用 video 元素在页面中插入视频。
代码如下:

```
<!DOCTYPE html>
<html>
    <head>
        <meta charset = "utf-8" />
        <title>页面视频</title>
        <style type = "text/css">
            video{
                width: 500px;
                height: 300px;
            }
        </style>
    </head>
<body>
    <video controls = "controls" autoplay = "autoplay" loop = "loop">
```

```
                    <source src = "move/movie.mp4" type = "video/mp4"></source>
            </video>
        </body>
    </html>
```

上述代码设置了播放控件、视频自动播放和循环播放等功能,运行代码,页面效果如图
7-1 所示。

图 7-1　案例 7-1 效果图

从图 7-1 可以看出,页面视频包含了视频播放控件中的播放按钮、播放进度条、音量控制等。

7.2.2　HTML 5 插入音频

在 HTML 5 中,audio 标签用于定义播放音频文件的内容、标准以及相应的属性,其支
持的三种音频格式分别是 Ogg,MP3 和 WAV。其基本的语法格式如下:

```
<audio src = "音频 URL" controls = "controls"></audio>
```

其中,src 属性用于设置音频文件的路径;controls 属性用于为音频提供播放控件。
audio 元素的常见属性如表 7-4 所示。

表 7-4　audio 元素的常见属性

属性	值	描　　述
autoplay	autoplay	当页面载入完成后自动播放音频
loop	loop	音频结束时重新开始播放
preload	preload	如果出现该属性,则音频在页面加载时进行加载,并预备播放。如果使用"autoplay",则忽略该属性

　　和 video 元素类似,运用 source 元素可为 audio 元素提供多个备用文件来应对不同的浏览器。代码如下:

```
<audio controls = "controls">
    <source src = "音频路径" type = "audio/mp3"></source>
    <source src = "音频路径" type = "audio/ogg"></source>
    <source src = "音频路径" type = "audio/wav"></source>
</audio>
```

　　audio 元素和 video 元素使用类似,这里就不再举例说明了。

项目 实现

　　小李在学习完音视频知识后,决定在学校官网首页中添加学校介绍视频。在主体内容模块中,将图片替换成视频标签,并设置高度和宽度。实现代码如下:

```
<div class = "body">
    <!-- <img src = "img/main/main. jpg" alt = "">-->
    <video width = "650" height = "300" controls autoplay>
        <source src = "学校介绍.mp4" type = "video/mp4">
    </video>
</div>
```

　　预览效果如图 7-2 所示。

图 7-2　添加视频效果图

项目 小结

　　本章通过对网页多媒体音视频的介绍,了解了音视频对象基本知识,学习了在网页中插入音频和视频的方法。通过实例制作,能够较好地应用 HTML 5 技术在网页中正确添加音视频资源。

项目 训练

应用 HTML 5 音视频技术,结合 CSS 3 样式设置,设计制作一个有关学校介绍的视频页面,效果图如图 7 - 3 所示。

图 7 - 3　学校介绍视频效果

图书在版编目(CIP)数据

Web 前端技术项目化教程/梁修荣主编.—上海:复旦大学出版社,2023.12
电子信息类专业项目化教程系列教材
ISBN 978-7-309-16654-5

Ⅰ.①W…　Ⅱ.①梁…　Ⅲ.①网页制作工具-程序设计-教材　Ⅳ.①TP393.092.2

中国版本图书馆 CIP 数据核字(2022)第 237551 号

Web 前端技术项目化教程
梁修荣　主编
责任编辑/李小敏

复旦大学出版社有限公司出版发行
上海市国权路 579 号　邮编:200433
网址:fupnet@ fudanpress.com　http://www.fudanpress.com
门市零售:86-21-65102580　　团体订购:86-21-65104505
出版部电话:86-21-65642845
上海四维数字图文有限公司

开本 787 毫米×1092 毫米　1/16　印张 14　字数 341 千字
2023 年 12 月第 1 版第 1 次印刷

ISBN 978-7-309-16654-5/T·730
定价:46.00 元